Universität Stuttgart

Verband der Automobilindustrie

Standardisierte RFID Systeme in der Automobilindustrie

Abschlussbericht

Mai 2002

INSTITUT FÜR

FÖRDERTECHNIK UND LOGISTIK

Abteilung Lagertechnik und Logistik

Prof. Dr.-Ing. H.J. Roos

Dipl.-Ing. S. Coskun

1 Teil I: Statusermittlung für die RFID Technik (Dez. 2001) 7

1.1 Einleitung / Zielsetzung 7

1.2 Physikalische Grundlagen 8

1.3 Ermittlung des IST Zustands RFID in der Automobilindustrie mittels Fragenkatalog 8

1.4 Stand der Entwicklungen und des Einsatzes in der Automobilindustrie (Ist-Zustand im Dez. 2001) 10

1.4.1 Ladungsträger in der Automobilindustrie 10

1.4.1.1 Kleinladungsträger 10

1.4.1.2 Großladungsträger 12

1.4.1.3 Container und Lkw 13

1.4.2 Kennzeichnung der Ladungsträger („Feature" Technik) 14

1.4.2.1 Befestigung der Datenträger 15

1.4.2.2 Form und Lage von Kartentaschen (VDA 4500) 18

1.4.2.3 Sicherheitsüberlegungen 21

1.4.2.4 Dateninhalte der Datenträger 22

1.4.2.5 Vor- und Nachteile des Warenanhängers nach VDA 4902 (Version 4) 23

1.4.3 Status der RFID Systeme in der Automobilindustrie (Dez. 2001) 24

1.4.3.1 Einsatzgebiete 24

1.4.3.1.1 Produktion 24

1.4.3.1.2 Logistik 25

1.4.3.1.3 Sicherheit 26

1.4.3.1.4 Anwendungen in anderen Branchen und Bereichen 26

1.4.3.2 Applikationen für aktive und passive Transponder 26

1.4.3.3 Technische Daten 26

1.4.3.3.1 Frequenzen 27

1.4.3.3.2 Sendeleistungen von RFID Systemen 30

1.4.3.3.3 Dateninhalte und Datenübertragungsraten 31

1.4.3.3.4 Protokolle 32

1.5 Dynamische Änderung der Randbedingungen durch E-Business 32

1.5.1 Speichernetzwerke (Storage Area Network) 34

1.5.2 Diffusionsszenario 35

1.6 Modell des Informationsflusses 36
1.6.1 Produktdatenmodell 37
1.6.1.1 Produktbezogene Datenintegration 38
1.6.1.2 Auftragsbezogene Datenintegration 38
1.6.2 Modellbildung für Prozessketten 39
1.6.3 Digitalisierung von Informationen für Transponder 42
1.7 Modellbildung für den optimalen RFID - Einsatz in der Automobilindustrie 43
1.7.1 Einsatzfeld von Transpondern 44
1.7.2 Optimierungspotenziale der RFID Technik 44
1.7.3 Soll Konzept 45
1.7.3.1 Zielformulierung 45
1.7.3.2 Bestimmung der S/L-Anordnung im Einsatzfall 46
1.7.3.3 Anordnung der Datenträger 47
1.7.3.4 Informationsstruktur auf dem Datenträger 48
1.7.3.5 Sicherungssysteme gegen LHM Fälschungen 48
1.8 Entscheidung über Standardisierungsvorhaben (Besprechung 17.12.2001 in Karlsruhe) 49

2 Teil II: Lasten-/ Pflichtenheft für die Automobilindustrie 50
2.1 Lasten-/ Pflichtenheft für VDA RFID / Anforderungsprofil 50
2.1.1 Applikation des Transponders am Behälter 50
2.1.1.1 KLT 51
2.1.1.2 GLT und Spezialbehälter 51
2.1.1.3 Container und Lkw 52
2.1.2 Belastung der Transponder in der Automobilbranche 52
2.1.2.1 Zulässige mechanische und thermische Belastungen 52
2.1.2.2 Zulässige elektromagnetische Störbelastung 53
2.1.2.3 Umgebungsbedingungen, Feuchtigkeit und chemische Einflüsse 53
2.1.3 Dateninhalte, Struktur, Sicherheit 54
2.1.3.1 Dateninhalte / Datenmenge 54
2.1.3.1.1 Passive Systeme 54
2.1.3.1.2 Aktive Systeme 54
2.1.3.2 Datenstruktur, Datenorganisation 54
2.1.3.2.1 Passive Systeme 54
2.1.3.2.2 Aktive Systeme 55
2.1.3.3 Sicherheit 56
2.1.3.3.1 Hardware 57
2.1.3.3.2 Software 57
2.1.3.4 Erweiterung der Datenstruktur mit Zusatzservices 58
2.1.4 Datenübertragung in der Luftstrecke 58
2.1.4.1 Frequenzen 58
2.1.4.1.1 Passive RFID Systeme 58
2.1.4.1.2 Aktive RFID Systeme 59
2.1.4.2 Datenübertragungsgeschwindigkeiten 59
2.1.4.3 Schreib-/Leseabstände Abstände 59
2.1.4.4 Protokolle 59
2.1.5 Equipment RFID Systeme 60
2.1.5.1 Mobile Datenspeicher/Transponder 60
2.1.5.2 Schreib-/Lesegeräte 60
2.1.5.3 Anbindung an EDV Systeme, etc. 61

2.1.6 Koexistenz, Kooperation 61
2.1.6.1 Funk LAN 61
2.1.6.2 Weitere Systeme 62
2.1.6.3 Frequenzhopping 62
2.1.7 Spielregeln für die Planung, den Aufbau und den Einsatz von RFID Systemen 62
2.1.7.1 Allgemeine Vereinbarungen 62
2.1.7.2 Vereinbarungen auf bilateraler Ebene 63
2.1.8 Anmerkungen zur Verfügbarkeit von RFID Systemen (Sicherheitsaspekte) 63
2.1.8.1 Funktionssicherheit 63
2.1.8.1.1 Schreib-/Lese Zuverlässigkeit 63
2.1.8.1.2 Lebensdauer 63
2.1.8.2 Sicherheit gegen unbefugten Zugriff 64
2.1.8.3 Schnittstellendefinitionen 64
2.1.9 Sonstiges 64
2.1.9.1 Reparaturen 64
2.1.9.2 Schaltgrenzen der SLG 65
2.2 Standardisierungsempfehlungen auf der Basis existierender Normen 65
2.2.1 Aktive Systeme 65
2.2.1.1 Frequenzband 65
2.2.1.2 Normen 65
2.2.1.3 Datenübertragungsrate 65
2.2.1.4 Speicherorganisation 65
2.2.1.5 Übertragungsprotokoll 65
2.2.2 Passive Systeme 65
2.2.2.1 Frequenz 65
2.2.2.2 Normen 66
2.2.2.3 Datenübertragungsrate 66
2.2.2.4 Speicherorganisation 66
2.2.2.5 Übertragungsprotokoll. 66
2.2.3 Kennzeichnung der Transponder 66

3 Berücksichtigung sich abzeichnender Entwicklungen mit Einfluss auf einen Standard 67

4 Zusammenfassung 68

5 Teil III: Anhang 71

5.1 Definitionen, Begriffe, Abkürzungen 71

5.2 Normen- und Literaturverzeichnis 77

5.3 Kosten/ Wirtschaftlichkeit der RFID Systeme 83

5.3.1 Investitionskosten 83

5.3.2 Prozesskosten 83

5.4 Erfahrungsberichte der einzelnen Unternehmen 84

5.4.1 Übersicht der Erfahrungsberichte 84

5.4.2 Audi, Werk Ingolstadt 94

5.4.3 BMW, Bereich Kabelbaummontage 97

5.4.4 BMW, Bereich Karosseriemontage 103

5.4.5 BMW, Werk Regensburg 109

5.4.6 DaimlerChrysler AG, Werk Raststatt 116

5.4.7 DaimlerChrysler AG, Werk Sindelfingen 122

5.4.8 ESG 128

5.4.9 Huf Tools 134

5.4.10 Philips, Transpondertechnik 138

5.4.11 Schreiner 143

5.4.12 Siemens, Transpondertechnik 152

5.4.13 VDO 159

5.4.14 VW, Werk Wolfsburg 165

1 Teil I: Statusermittlung für die RFID Technik (Dez. 2001)

1.1 Einleitung / Zielsetzung

Schon seit den vierziger Jahren werden die Einsatzmöglichkeiten von Radiofrequenz Identifikationssystemen (RFID-System) getestet. Mit RFID-System werden nachrichtentechnische Anlagen bezeichnet, welche aus Funksendern und -empfängern bestehen. Der synthetische Begriff Transponder, der in diesem Feld oft synonym für die Datenspeicher des RFID-Systems verwendet wird, ist aus den englischen Begriffen „transmitter" (Sender) und „responder" (Antwortgeber) zusammengesetzt. Der Transponder, der z.B. aus den Komponenten Mikrochip, Antenne und Gehäuse besteht, nimmt die Funksignale des Schreib-/Lesegeräts (SLG) auf, verarbeitet sie und strahlt seine Informationen per Radiofrequenz wieder an das SLG zurück (vgl. Schäfer, U. 2002).

In der Automobilindustrie sind RFID-Systeme bereits seit über 15 Jahren erfolgreich im Einsatz. Leistungsfähige RFID Technik ist also als warenbegleitender Informationsträger bereits vorhanden. Der Einsatz der vorhandenen Technologie muss aber nach den Anforderungen der Automobilindustrie für die Zukunft optimiert und vereinheitlicht werden. Die Investitionen in RFID Technik wurden bis dato ohne erkennbares integriertes Ziel getätigt – einfach zur Lösung örtlicher Probleme.

Erstrebenswert erscheint jedoch der Einsatz von RFID als warenbegleitender Informationsträger entlang der gesamten Wertschöpfungskette. Dazu sind jedoch firmenübergreifend, branchenweit wirksame Standardisierungen im Material-, Informations- und Wertefluss (MF, IF, WF), so auch an dem System hinsichtlich Datenstruktur und Frequenzband für die Luftstrecke erforderlich. Zur Zeit ist noch kein Standard für Luftstrecken bzw. Datenstruktur von RFID für die Automobilindustrie vorhanden.

Zur Optimierung der logistischen Prozesse in der Automobilindustrie, wird von einer VDA Arbeitsgruppe Transponder des VDA Arbeitskreises Behälterstandardisierung daher ein Vorschlag für ein standardisierbares VDA-RFID-Datenträgersystem für Ladungsträger erarbeitet.

Eine „Produkt-Labelung" mit RFID Datenträgern soll wegen der prozess- und firmenspezifisch unterschiedlichen Anforderungen an dieser Stelle nicht betrachtet werden, wohl aber die aus der Bündelungsstrategie der Logistik mit Hilfe von Ladehilfsmitteln (LHM) gebildeten Ladeeinheiten (LE).

Mit dem Standard RFID für die Ladehilfsmittel sollen folgende Ziele erreicht werden:

- Vereinheitlichung der Entwicklungen im Bereich RFID Systeme in der deutschen Automobilindustrie.
- Rationalisierung der Logistikprozesse durch Nutzung eines standardisierten, warenbegleitenden, elektronischen Datenträgers.

- Vorschlag für ein Lastenheft für eine zukunftsfähige RFID-Anwendung in der Automobilindustrie.
- Vorschlag für Strukturierung der Daten, um einen Informationsaustausch mit der Ladeeinheit bewerkstelligen zu können, ohne diese anhalten zu müssen.
- Erarbeitung eines Standardisierungsvorschlags für die Gestaltung der
  - Luftstrecke
  - Datenstruktur

  von RFID Systemen, um Kompatibilität zwischen marktfähigen Produkten herzustellen (Pflichtenheft).
- Darstellung des Potenzials für RFID Technik für die Zukunft.

Die VDA Projektarbeitsgruppe Transponder arbeitet seit der Kick OFF Veranstaltung, die am 28.06.2001 in Karlsruhe stattfindet, an der Konkretisierung eines Standardisierungsvorschlags für RFID Technik in der Automobilindustrie. Innerhalb dieser Arbeitsgruppe übernimmt das IFT-LL – unter Nutzung der dort entwickelten Logistiksystemplanung – zusammen mit dem VDA, die Koordination der Arbeiten und Zusammenführung sowie Dokumentation der Ergebnisse.

Innerhalb der Auftragsabwicklung werden vom IFT-LL umfangreiche Abstimmungen mit dem VDA und anderen Partnern der Arbeitsgruppe durchgeführt. Es werden zudem Gespräche sowohl mit Herstellern als auch fachkundigen Anwendern der RFID Systeme, insbesondere in der Automobilbranche, geführt. Die Ergebnisse dieser Abstimmungen sind in diesen Bericht mit eingebracht.

1.2 Physikalische Grundlagen

Die physikalischen Grundlagen zur RFID Technik sind von Finkenzeller 1998, in den Forschungsberichten des IFT-LL, vgl. IFT-LL-FB-12-01 und IFT-LL-FB-12-02, und in der Dissertation Friess, 2000 hinreichend beschrieben, so dass an dieser Stelle nicht mehr darauf eingegangen werden soll.

1.3 Ermittlung des IST Zustands RFID in der Automobilindustrie mittels Fragenkatalog

Um den aktuellen IST Zustand des Einsatzes von RFID Systemen in der Automobilindustrie zu ermitteln, werden OEM-, Lieferanten- und auch RFID- Herstellerfirmen im Rahmen des VDA Arbeitskreis Behälterstandardisierung Anfang Sommer 2001 aufgefordert, der Arbeitsgruppe frei verfügbare Daten zuzusenden.

Da auf diese Anfrage nur wenige Antworten eingehen, wird daraufhin beschlossen, einen Fragenkatalog auszuarbeiten und diesen in der Automobilindustrie zu verteilen. Grundlage des Fragenkatalogs ist das Anforderungsprofil an RFID Systeme in der Automobilindustrie, das in der Kick Off Sitzung der VDA Arbeitsgruppe Transponder am 28.06.2001 in Karlsruhe festgelegt wurde.

Der Fragenkatalog wird also nach dem in der Sitzung besprochenen Anforderungsprofil entsprechend in folgende Punkte gegliedert:

Anforderungsprofil an VDA Transponder
+ Applikation des Transponders am Ladehilfsmittel
+ Mechanische und elektromagnetische Belastung der Transponder
+ Dateninhalte, Struktur, Sicherheit
+ Datenübertragung in der Luftstrecke (best case, worst case, industrial case)
+ Equipment RFID Systeme
+ Koexistenz, Kooperation
+ Kosten/ Wirtschaftlichkeit der RFID Systeme
+ Spielregeln für den Einsatz von RFID Systemen
+ Sonstiges (Hinweise auf verbesserte Antennenkonstruktionen)

Tabelle 1: Anforderungsprofil an VDA Transponder, wie es in der Kick Off Sitzung von der VDA Arbeitsgruppe Transponder am 28.06.2001 in Karlsruhe festgelegt wurde.

Ein detaillierter Fragenkatalogsentwurf wurde vom IFT-LL innerhalb der Sitzung der VDA Arbeitsgruppe Transponder am 30.10.2001 in Neuss mit der Arbeitsgruppe abgestimmt, in einigen Punkten angepasst oder ergänzt. Unmittelbar nach der Sitzung wird der Fragenkatalog dann den Vorgaben entsprechend überarbeitet und per Email in der Automobilindustrie verteilt (an 25 Adressen versandt).

Daraufhin gehen in den nächsten Wochen Antworten auf die Fragebogenaktion von folgenden Firmen und Firmenbereichen ein (alphabetisch geordnet):

- Audi, Werk Ingolstadt
- BMW, Bereich Kabelbaummontage
- BMW, Bereich Karosseriemontage
- BMW, Werk Regensburg
- DaimlerChrysler AG, Werk Raststatt
- DaimlerChrysler AG, Werk Sindelfingen
- ESG
- Huf Tools
- Philips, Transpondertechnik
- Schreiner
- Siemens, Transpondertechnik
- VDO
- VW, Werk Wolfsburg

Alle Antworten der Fragebogenaktionen dienen als Basis zur Erarbeitung eines Standardisierungsvorschlags – und damit auch als Basis für diesen Bericht – und sind daher im Anhang beigefügt.

1.4 Stand der Entwicklungen und des Einsatzes in der Automobilindustrie (Ist-Zustand im Dez. 2001)

Als Basis für dieses Kapitel dienen die Ergebnisse aus der Fragebogenaktion und die Ergebnisse aus den langjährigen Forschungsarbeiten des IFT-LL zu den Themenblöcken „Logistik in betriebsübergreifenden Ver- und Entsorgungsketten“, die stets in Abstimmung mit dem VDA AK Behälterstandardisierung durchgeführt worden waren, sowie die Forschungsarbeiten zum „Einsatz von standardisierten Datenträgern in der Logistik.“

1.4.1 Ladungsträger in der Automobilindustrie

In der Automobilindustrie wird von den OEM in der Regel ein Ladehilfsmittel vorgeschrieben, in dem die bestellten Teile angeliefert werden müssen, damit die LE – z.B. auf den vorhandenen Förderanlagen, in den Lagerplätzen oder der Bereitstellung – ohne Umpacken transportiert werden kann. Das ist für Kleinteile oft der VDA-KLT, so dass dieser ein wichtiges, standardisiertes Ladehilfsmittel in der Branche darstellt. Durch seine vorgegebenen, mechanisierten Handhabungsmöglichkeiten kann dieser sowohl im überbetrieblichen als auch im innerbetrieblichen Transport mit Vorteil eingesetzt werden.

Dieser grundsätzliche Gedanke der Standardisierung kann nun auf den MF, IF und WF sinnvoll angewendet werden.

1.4.1.1 Kleinladungsträger

Das VDA KLT System, das in der Empfehlung VDA 4500 und der Norm DIN 30820 beschrieben ist, besteht aus folgenden Systemelementen:

- Zehn verschiedene Universal-KLT Typen in drei unterschiedlichen Flächenabmessungen, basierend auf dem Grundmodul 600mmx400mm (A_1=600x400mm^2, A_2=400x300mm^2 und A_3=300x200mm^2).
- Vier Höhenstufen zum Grundflächenmodul 600x400mm und 400x300mm (H_1=147mm, H_2=174mm, H_3=213mm und H_4=280mm). Zwei Höhenstufen zum Grundflächenmodul 300x200mm (H_1=147mm und H_2=174mm).
- Einem Tablar der Grundfläche 600mmx400mm.
- Einem Kastendeckel für jedes der drei Grundflächenmodule.
- Einer Ladeeinheiten Abschlussplatte jeweils für Paletten der Grundmaße 1200mmx800mm und 1200mmx1000mm.
- Einer Sicherungsplatte für Flachpaletten der Grundmaße 1200mmx800mm.

Dieses System wurde in den letzten zwei Jahren überarbeitet und ergänzt um das VDA System Redesign Light KLT (VDA RL KLT), welches aus folgenden, am häufigsten benutzten Systemelementen besteht:

- Fünf verschiedene KLT RL Typen ebenso in drei unterschiedlichen Flächenabmessungen (A_1=600x400mm^2, A_2=400x300mm^2 und A_3=300x200mm^2).
- Zwei Höhenstufen (H1=147mm und H2=280mm).

Schließlich gibt es noch den faltbaren VDA KLT (VDA F KLT), der ist im Maß 600mmx400mmx280mm verfügbar ist und in zusammengefalteten Zustand zu 1/3 des Volumens im ausgeklappten Zustand reduziert werden kann.

Alle VDA KLT bestehen aus dem Werkstoff PP (copolymeres Polypropylen). Weitere Einzelheiten zum VDA KLT System können der VDA Empfehlung 4500 entnommen werden.

Zur Einsparung von Leertransporten ist die Nutzung der KLT in einem Pool organisiert. Das VDA KLT Poolsystem findet in der deutschen Automobilindustrie mit zur Zeit ca. 26 Mio. VDA-KLT bereits eine breite Anwendung. Einige Automobilhersteller nutzen daneben das VDA KLT System in abgewandelter Form als firmenspezifische Behältersysteme. Die Behälter unterscheiden sich hierbei in der Farbe und sind daher als nicht poolfähig (VDA KLT Pool) zu betrachten.

Im europäischen Raum ist ebenso der GALIA KLT in kleinerer Stückzahl verbreitet, welcher dem VDA KLT System in wesentlichen Merkmalen ähnlich ist. Derzeit wird von den führenden Automobilherstellern ein weltweiter KLT Standard für die Automobilbranche angestrebt, der Welt KLT. Diese Entwicklung gilt es weiter zu beobachten.

Das System wird ergänzt durch eine Kunststoff Flachpalette (MSP 1208 nach VDA Empfehlung 4502). Durch die Verwendung der Palette und der Abschlussplatte können VDA KLT Ladeeinheiten ohne zusätzliche Sicherungsmittel erzeugt werden.

Neben dem VDA KLT System existieren in der Automobilindustrie weitere KLT Systeme, die entweder ebenso aus den Werkstoffen Polypropylen oder Polyethylen oder aus anderen, z.B. geschäumten Kunststoffen bestehen. Vereinzelt sind auch noch die alten KLT aus Stahl im Einsatz.

Die VDA KLT sind, bedingt im wesentlichen durch den Branchenstandard und die daraus resultierende massenhafte Erzeugung, kostengünstig in der Anschaffung. Eine wichtige Anforderung an den Preis des MDS resultiert hieraus. Der KLT inklusive MDS sollte der Marktakzeptanz wegen nicht wesentlich teurer sein, als ein KLT ohne MDS.

Derzeit sind mehr als 25 Mio. VDA KLT in Europa im Einsatz. Zu berücksichtigen ist, dass während der Einführungsphase die vorhandenen VDA KLT zum Teil nachgerüstet werden müssen. Somit ist ein Konzept zur stufenweisen Einführung angeraten. Aus diesen Gründen empfehlen sich für dieses Einsatzfeld passive RFID Systeme, da die MDS Kosten passiver Systeme deutlich unter denen aktiver Systeme liegen.

Die MDS müssen für die Nachrüstung auf einer Trägerplatte befestigt sein, welche in die vorhandene Kartentasche passt. Damit wäre auch ein relationsspezifischer Übergang in die neue RFID-Anwendung einfach möglich.

Bei Betrachtung der KLT Systeme in der deutschen Automobilindustrie ist festzustellen, dass der VDA KLT zwar weit verbreitet ist, dass parallel dazu noch vielfältige andere KLT System existieren. Im anderen europäischen Ländern kommen zudem weitere Varianten von KLT Systemen zum Einsatz. Hier gibt es also im europäischen Rahmen noch weitergehenden Standardisierungsbedarf. Dennoch weisen alle KLT Systeme oft ähnliche Merkmale auf, wie z.B. Material, Flächenmodul, Zuladung etc.

1.4.1.2 Großladungsträger

Im Bereich der GLT ist in der Automobilbranche eine große Vielzahl unterschiedlicher GLT Systeme im Einsatz. Sie reichen z.B. von einfachen Holz- oder Stahlflachpaletten über klappbare Kunststoffgroßbehälter bis zu komplexen GLT mit Einbauten zur sicheren Aufnahme kompletter Baugruppen. Entwicklungen der GLT Systeme hin zu einem Universal GLT System für die Automobilindustrie waren bisher weniger erfolgreich, als bei KLT Systemen. Die Anforderungen sind in diesem Bereich firmenspezifisch und je nach Produktionsweise stark unterschiedlich.

In der Automobilindustrie sind häufig GLT zu finden, die auf den Flächenmodulen 1200mm x 800mm und 1200mm x 1000mm aufbauen. Darüber hinaus sind auch Flächenmodule bis zu 1600mm x 2400 mm und mehr verbreitet, z.B. für große Karosserieteile (Pkw-Seitenwände).

GLT in der Automobilindustrie werden heute als komplexe Systeme verstanden, die aus verschiedenen Komponenten zusammengesetzt und entsprechend teuer sind. Ausgehend von einer starren Basiskonstruktion, die bei Stahl GLT z.B. aus standardisierten Profilen besteht und als Schweißkonstruktion ausgeführt ist, werden Varianten dadurch gebildet, dass der Auf- und Unterbau (Füße oder Kufen) an diese Bodenkonstruktion aufgesetzt wird.

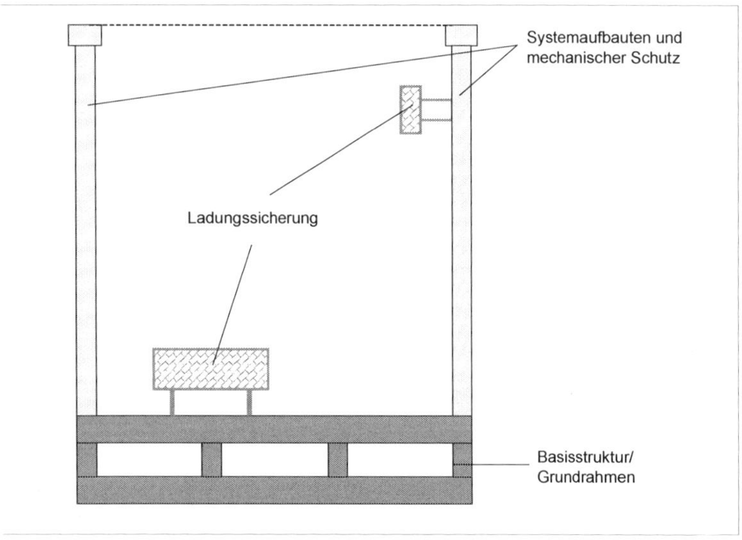

Bild 1: Schematischer Aufbau eines GLT in der Automobilindustrie (Quelle: IFT-LL).

Dieser Basisgrundrahmen ist dann so ausgeführt, dass er für alle wichtigen Einsatzfälle geeignet ist. In den letzten Jahren ist hier ein starker Trend zu leichteren und zugleich großvolumigen Bauteilen zu verzeichnen. Die Anforderungen an die GLT haben sich somit verändert und folgerichtig können weitere neue Entwicklungen von GLT Systemen, sogenannte Leicht GLT, in der Automobilindustrie verzeichnet werden.

Im Bereich der GLT ist die Automobilindustrie sehr stark der Problematik ausgesetzt, dass einer gewisser Anteil aller GLT für längere Zeit nicht zur Verfügung steht, da die GLT beschädigt sind und repariert werden müssen oder manche Lieferanten die Behälter zu lange halten. Fehlende GLT sind für die OEM dann in zweifacher Hinsicht kostenaufwendig. Zum einen müssen beschädigte oder fehlende Behälter repariert oder wiederersetzt werden, um die Prozesssicherheit der Versorgungskette nicht zu gefährden. Zum anderen führen kurzfristige GLT Engpässe unvermeidlich zu provisorisch gestalteten Sonderverpackungen (z.B. Einwegverpackungen), die sowohl teuer in der Anschaffung als auch bei der Entsorgung sind.

Aus diesem Grund ist die Branche bemüht, möglichst bald auch hier einen Transponder für GLT einzusetzen, der eine automatische Bestandsführung der GLT unterstützt, ohne dass die GLT dazu ganz nahe an einem SLG vorbeigeführt werden müssen. Es empfehlen sich hier aktive RFID Systeme, da nur diese die bisher im existierenden Ablauf geforderten Schreib-/Lese-Reichweiten erreichen. Neue Entwicklungen im Handling und bei passiven Systemen, wie z.B. Oberflächenwellen Transponder, sollten hier weiter beobachtet werden.

1.4.1.3 Container und Lkw

Für die Belieferung der Automobilindustrie kommen Container und Lkw zum Einsatz, wie sie auch im kombinierten Verkehr verwendet werden. Die nachstehende Tabelle gibt eine kleine Übersicht über Einsatzgebiet und Eigenschaften normgerechter Container und Lkw Aufbauten.

Ladeeinheiten des kombinierten Verkehrs: Übersicht						
	Wechselbehälter		Container		Sonstiges	
	Klasse C	Klasse A	Binnen-container	ISO Container	Sattel-anhänger	Last und Sattelzüge
Stapelung	nicht stapelbar	nicht stapelbar	2 bis 3 fach stapelbar	5-9 fach stapelbar mindestens 5 vollbeladene Behälter	nicht stapelbar	nicht stapelbar
Einsatzgebiet	kontinental europäischer Binnenverkehr	kontinental europäischer Binnenverkehr	kontinental europäischer Binnenverkehr	Einsatz in der Seeschifffahrt	kontinental europäischer Binnenverkehr	kontinental europäischer Binnenverkehr
Besonderheiten beim Straßentransport	Transport auf der Straße nur mit Sattelfahr-zeugen	Transport auf der Straße mit LKW-Zügen				
Stützbeine	Stützbeine zwingend		Stützbeine möglich			
Eignung für Paletten	Maße Palet-tengerecht	Maße Palet-tengerecht	Maße Palet-tengerecht	Maße **nicht** Palettengerecht		

Tabelle 2: Übersicht über Ladeeinheiten im kombinierten Verkehr (Quelle: IFT-LL).

Im Bereich der Container und Lkw Aufbauten empfehlen sich wegen der größeren Schreib-/Lese-Reichweiten und Speicherkapazitäten ebenso aktive RFID Systeme.

1.4.2 Kennzeichnung der Ladungsträger („Feature“ Technik)

Ein Fertigungs-, Lager- oder Transportauftrag wird in der industriellen Praxis mit Hilfe eines hierarchisch gegliederten Rechnernetzwerks gesteuert (siehe nachstehendes Bild 2).

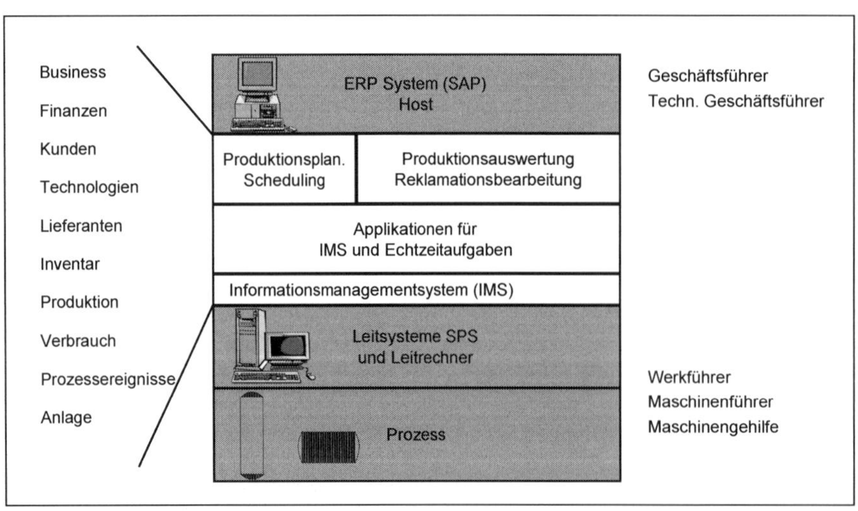

Bild 2: Informationsmanagementsystem (Quelle: Fa. AspenTech).

Nach Bild 2 können firmenspezifisch, mehrere Informationsebenen unterschieden werden, von der unterlagerten Maschinensteuerung bis hin zum ERP System. Ein schreib-/lesbarer Transponder kann in einem solchen Netzwerk dazu beitragen, dass die Menge der zu übertragenden Daten zwischen den Ebenen – und damit die Belastung des Rechnernetzwerks – reduziert wird. Dabei wird der Transponder vornehmlich in der Schnittstelle zwischen Leitrechner und Einzelprozesssteuerung aber auch in der Schnittstelle zwischen Leitsystem und IMS aktiv. Der Transponder wirkt in diesem Falle als ein „ausgelagerter" Speicher des IMS, der ein arbeiten ohne aktives Netz ermöglicht. Dies erfordert die Kennzeichnung der Ladungsträger mit warenbegleitenden Informationsträgern, die mit allen notwendigen Daten der jeweiligen Prozesskette versehen sind.

Die Auswahl der benötigten Daten geschieht also „Feature"-basiert für eine bestimmte Arbeitsstation in der Prozesskette. Wie z.B. in der Teileproduktion, werden die Produktdaten, die für die Herstellung wichtig sind, als Informationen dann anstatt auf einem papiergestützten Warenbegleitschein im Transponder abgelegt und übertragen.

Da die Anforderungen an die Daten in der Prozesskette variieren und zudem das Speichervolumen auf den Datenträgern begrenzt ist, kommen abschnittsweise verschiedene Datenträger zum Einsatz (verschiedene Informationen/Datenträger für Produktion, Montage und Versand). In der Automobilproduktion spiegelt sich dieser Sachverhalt auch im Einsatz der Transponder wieder. So wird im Rohbau ein Transponder verwendet, der sich von dem in der Lackierung eingesetzten deutlich unterscheidet. Im wesentlichen wird dies hier durch die Forderung nach hitze- und reinigungsmittelbeständigen Transpondern für die Lackierung bewirkt. Nach der Lackierung werden die Transponder abmontiert und die Transponder für die Montage angebracht.

Die Kennzeichnung der Ladungsträger in der Automobilindustrie geschieht zur Zeit durch Warenanhänger aus Papier nach VDA-Empfehlung 4902 Version 4.

Die „Feature"-basierte Betrachtungsweise und die Forderung, dass in der ersten Phase der Transpondereinführung die LT nachgerüstet werden müssen, um somit einen Parallelbetrieb von Transponder und Barcode Etikett zu gewährleisten, führte zu dem Ansatz, zunächst den Datensatz des VDA Labels nach VDA 4902 als Basis für den Datensatz auf einem Transponder zu verwenden.

1.4.2.1 Befestigung der Datenträger

Der Warenanhänger nach VDA 4902 wird bisher ein- bis zweimal gefaltet, um dann lose in die Kartentaschen der Ladungsträger eingesteckt werden zu können. Es besteht die Gefahr, dass der Ladungsträger bei Transport und Handhabung den Warenanhänger verliert. Dieser Vorgang führt zu großen Folgeschäden und Zusatzaufwendungen, die man natürlich unbedingt durch mechanisches Sichern und Verkleben vermeiden möchte.

Für die Kennzeichnung der VDA KLT schreibt die VDA Empfehlung 4500 folgendes vor:

Der papiergestützt Datenträger nach VDA 4902 darf nicht mit dem VDA KLT verklebt werden, da beklebte KLT nach dem Durchlauf dann kostenaufwendig vom Warenanhänger befreit werden müssen. Verbleibt ein derart verklebter Warenanhänger am KLT, sind beim darauffolgenden Durchlauf die warenbegleitenden Daten am KLT nicht mehr eindeutig (durch zwei oder mehr Datenträger am KLT). Eine Ausnahme bilden sogenannte Klebepunkte, welche zumeist kreisförmig sind und ein Abfallen des Warenanhängers aus der Kartentasche verhindern sollen.

In der VDA 4500 wird diesbezüglich nicht unterschieden, ob der Warenanhänger papiergestützt oder als RFID Warenanhänger ausgeführt ist. Sollten die RFID Warenanhänger auf den VDA KLT geklebt werden, ist somit eine Änderung oder Ergänzung der VDA Empfehlung 4500 nötig. Das heißt, dazu müsste vorab eine Abstimmung im VDA Arbeitskreis Behälterstandardisierung erfolgen.

Durch die Restriktionen bei der Anordnung sowie durch die Anforderungen bei der Markteinführung eines neuen, mit einem Transponder bestückten Ladungsträgers in einen bestehenden Nutzerkreis, erscheint zunächst die Verwendung der bisher benutzen Anbringungsorte (Kartentaschen) als sinnvoll. Damit werden alle möglichen Nachteile, die sich aus einer neuen Anordnung ergeben könnten, vermieden. Diese Grundversion der Anordnung besitzt folgende Vorteile:

Vorteile bei Anordnung von Transpondern in bestehenden Kartentaschen.	
+	Der Datenträger ist fest mit dem Ladungsträger verbunden und damit in seiner Handhabung verbessert (z.B. Wartezeiten und das Drucken, Falten und Einstecken von papiergestützten Warenanhängern entfallen; eine zusätzliche Verliersicherung ist nicht notwendig).
+	Am Ladungsträger sind keine konstruktiven Änderungen erforderlich. Die Einführung kann deshalb ohne aufwendige Konsensbildung und Standardisierung durch den VDA Arbeitskreis Behälterstandardisierung durchgeführt werden. Eine konzeptionelle Übereinstimmung mit den Vorstellungen des VDA Arbeitskreises Behälterstandardisierung sollte jedoch erhalten bleiben.
+	Insbesondere bei Ladeeinheiten aus KLT, aber auch bei GLT, werden die Ladungsträger zumeist derart angeordnet, dass sich die Kartentaschen außen an der Ladeeinheit befinden. Hier ist also eine Sichtverbindung zwischen Datenträger und Lesegerät bereits gegeben, die für die RFID Technik zum Vorteil genutzt werden kann (z.B. zur Vermeidung von Übertragungsstörungen durch metallische Produkte in den Ladungsträgern).
+	Durch einen papierlosen Betrieb und die zeitsparende Übertragung der Daten auf den Transponder sowie der Minimierung der manuellen Tätigkeiten entstehen Kostenvorteile.
+	Das Datenformat enthält unter anderem die Daten des bisher eingesetzten Warenanhängers.
+	Die bisherige Struktur der Datenverarbeitung zwischen Anschaltmodul des SLG und der übergeordneten EDV kann weiterverwendet werden.

Tabelle 3: Vorteile bei Anordnung von Transpondern in bestehenden Kartentaschen (Quelle: IFT-LL-FB-12-02).

An den GLT besteht die Möglichkeit die Transponder auch an einer geschützten Stelle der Unterseite anzubringen, z.B. in gesicherten Zwischenräumen, die von den Staplergabeln nicht erreicht werden können. Dies wäre für Schreib-/Lesevorgänge vorteilhaft, die z.B. eine fördertechnische Genauigkeit von +/-5 mm erfordern. Der Applikationsort könnte bei allen Ladungsträgern von zwei Bezugskanten aus - etwa der Unterkante und einer Seitenwand - gleich weit entfernt liegen. Es sind dabei noch zusätzliche Restriktionen, wie z.B. das Freihalten der Handhabungsbereiche (z.B. Gabeltaschen oder Greiferöffnungen) und die Zugänglichkeit (Lesbarkeit) der Datenträger durch die vorgesehenen SLG zu beachten. Bei der Verwendung von Tablaren ergibt sich eine vertikale Verschiebung der Lesehöhe, die zu berücksichtigen ist.

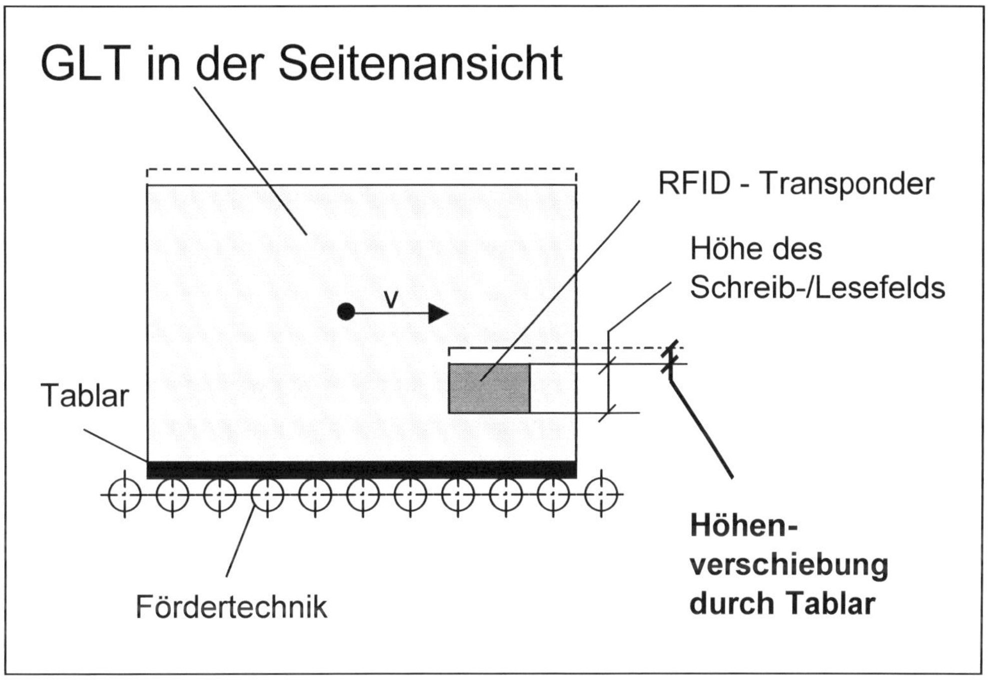

Bild 3: Verschiebung des Schreib-/Lesefelds von RFID Transpondern durch den Einsatz von Tablaren in der Fördertechnik (Quelle: IFT-LL).

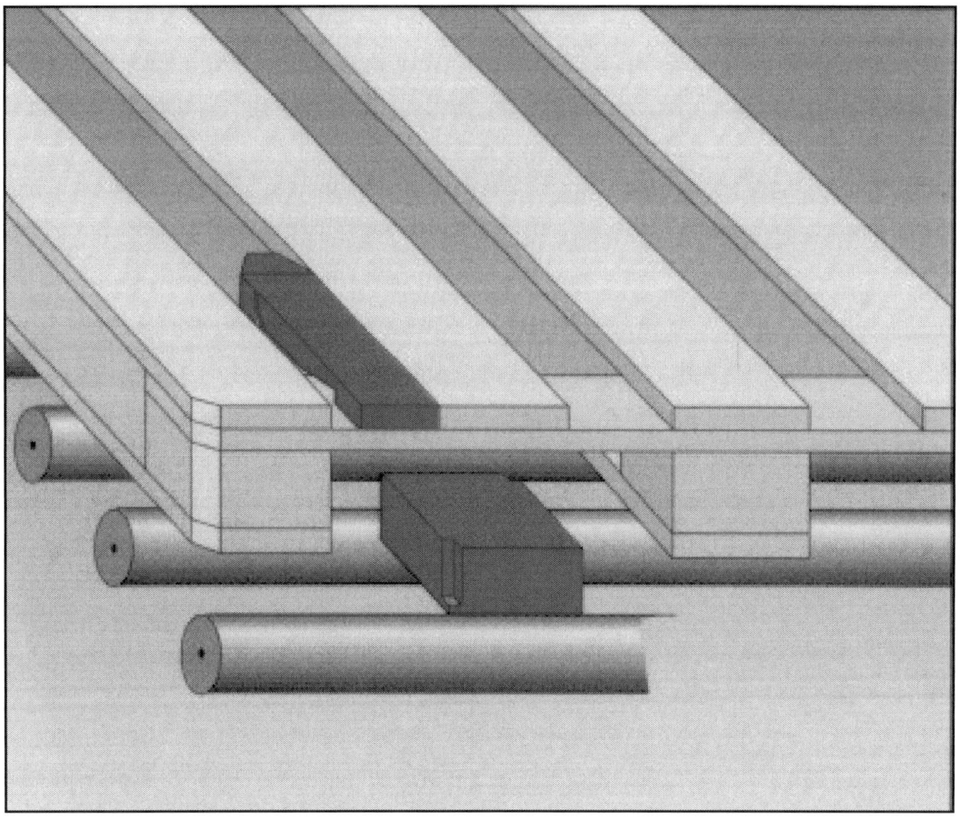

Bild 4: Transponder- und SLG- Anordnung bei Flachpaletten (Quelle: Siemens).

1.4.2.2 Form und Lage von Kartentaschen (VDA 4500)

Form und Abmessungen der Kartentaschen am VDA KLT sind in der VDA Empfehlung 4500 detailliert beschrieben.

An den VDA KLT ist jeweils eine Kartentasche an der Längsseite und eine an der Stirnseite angebracht. Die Höhen sind bei beiden Anbringungsorten gleich.

Die folgenden Bilder zeigen die vertikale Anordnung der Kartentaschen am VDA C KLT am Beispiel der Längsseiten der Kästen der Grundfläche 600mm x 400mm und der Stirnseiten der Kästen 400mm x 300mm. Die Kartentaschen an den Stirnseiten der KLT sind dabei mittig angeordnet.

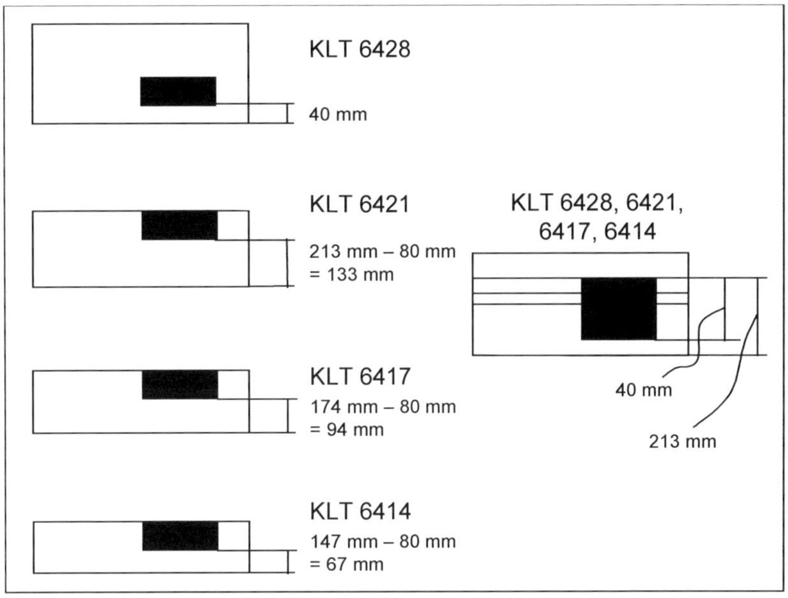

Bild 5: Lage der Kartentasche am VDA C KLT 64xx, Längsseite (Quelle: IFT-LL).

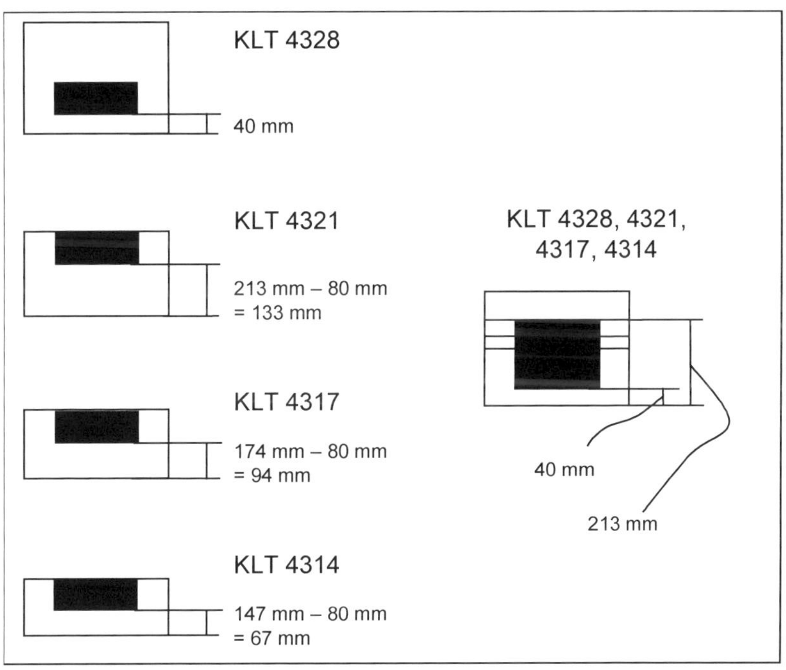

Bild 6: Lage der Kartentasche am VDA C KLT 43xx, Stirnseite (Quelle: IFT-LL).

Die Lage der Kartentaschen an den VDA RL KLT verschiedener Abmessungen sind in der folgenden Skizze dargestellt. Es ist zu erkennen, dass die Lage der Kartentaschen analog zu denen beim VDA C KLT ist.

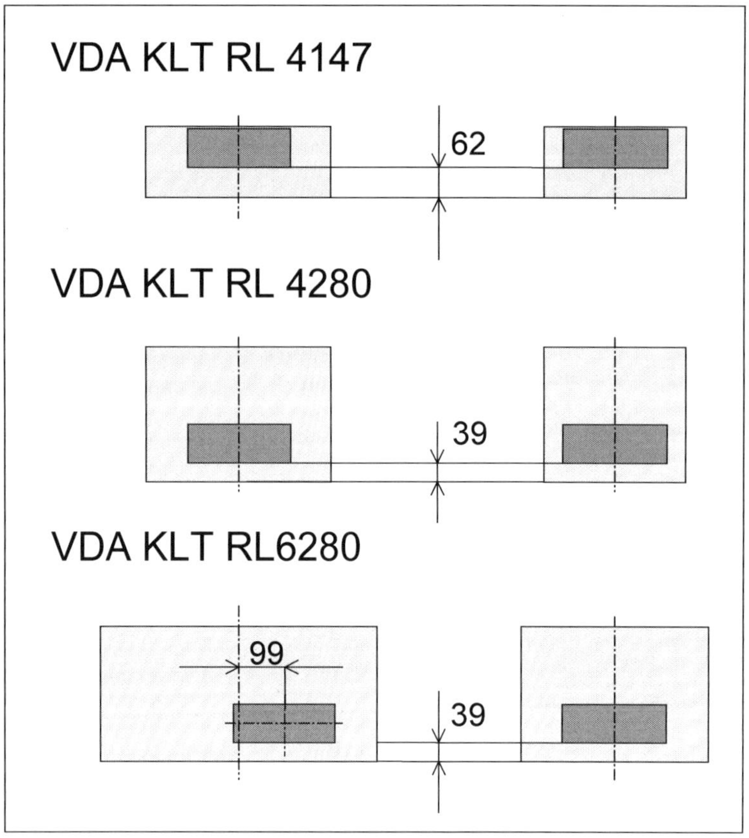

Bild 7: Lage der Kartentasche VDA RL KLT, Längs- und Stirnseite (Quelle: IFT-LL).

Das für die VDA C KLT ermittelte Übertragungsfenster, das z.B. eine optimale Ausrichtung passiver Transponder und den zugehörigen SLG an einer Förderanlage ermöglicht, kann unverändert auch für die VDA RL KLT Reihe angewendet werden.

Das nachstehende Bild zeigt den Übertragungsbereich zwischen SLG und Transponder. Da die Sendeleistung des SLG und der Transponder begrenzt ist, können in der betrieblichen Praxis nur begrenzte Reichweiten genutzt werden.

Bei fest vorgegebener Anordnung der Transponder am KLT, kann aber die Position des SLG zu den Transpondern so optimiert werden, dass eine vollständige Datenübertragung ohne Stop (Unterbrechung der Bewegung des KLT) möglich wird.

Als Anforderung ist damit also festzuhalten:

Die Möglichkeit eine vollständige Datenübertragung während der Bewegung des Transponders durch das Übertragungsfeld des SLG durchzuführen, ist zu gewährleisten.

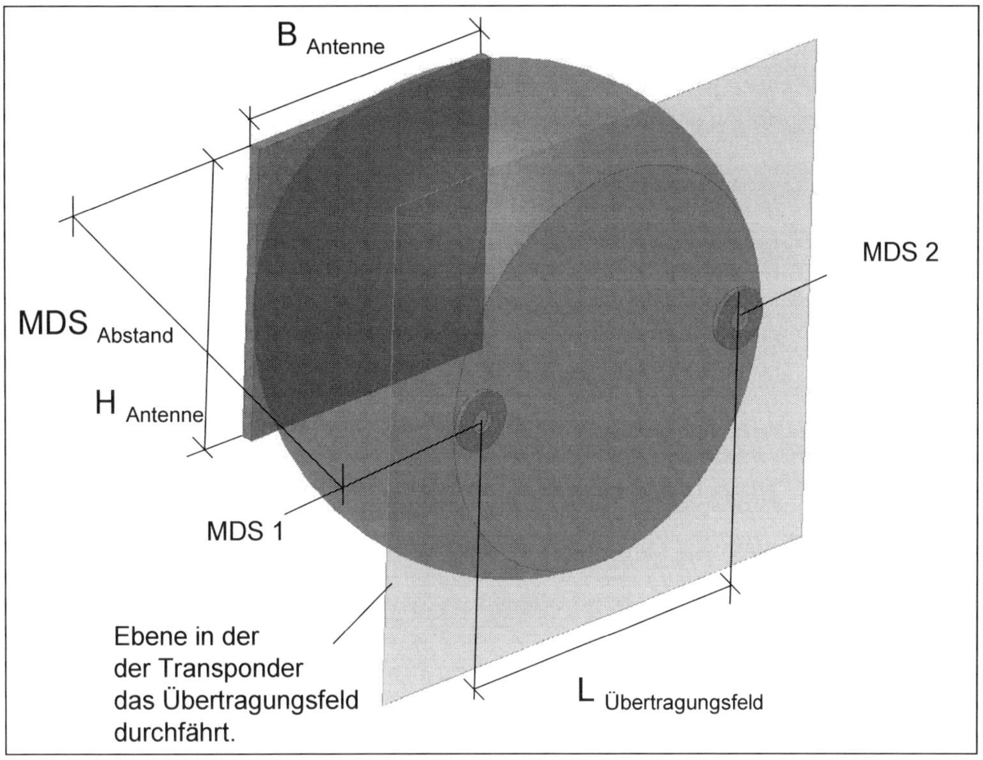

Bild 8: Ausdehnung der Übertragungsfelder von RFID Schreib-/Lesegeräten (Quelle: Roos).

Das vorstehende Bild 8 zeigt schematisch die Ausdehnung des Übertragungsfelds von RFID-SLG. Mit Hilfe der dargestellten geometrischen Zusammenhänge kann die maximale Datenmenge ermittelt werden, die in der Übertragungszone bei gleichmäßiger Geschwindigkeit des MDS (oder LHM) ausgetauscht werden kann.

1.4.2.3 Sicherheitsüberlegungen

Um sich vor Fälschungen in der Teileversorgung (bzw. Ersatzteilversorgung) zu schützen, wo in der Flugzeugindustrie, in der Fahrzeugindustrie und in den Handelsketten vieler Branchen durch Produktpiraterie großer Schaden angerichtet wird, werden Kennzeichnungs- und Gütesicherungssysteme eingeführt, welche zunächst die Etiketten beinhalten, diese aber später völlig ersetzen sollen.

Das gilt zunächst für die Kennzeichnung von Produkten, jedoch ebenso für die Identifikation von LHM in Logistiksystemen (z.B. fälschungsgesicherte Gitterboxen). Ein aus unserer Sicht fälschungssicheres System könnte in diesem Zusammenhang durch das Zusammenwirken mehrerer Identifikationssysteme erreicht werden.

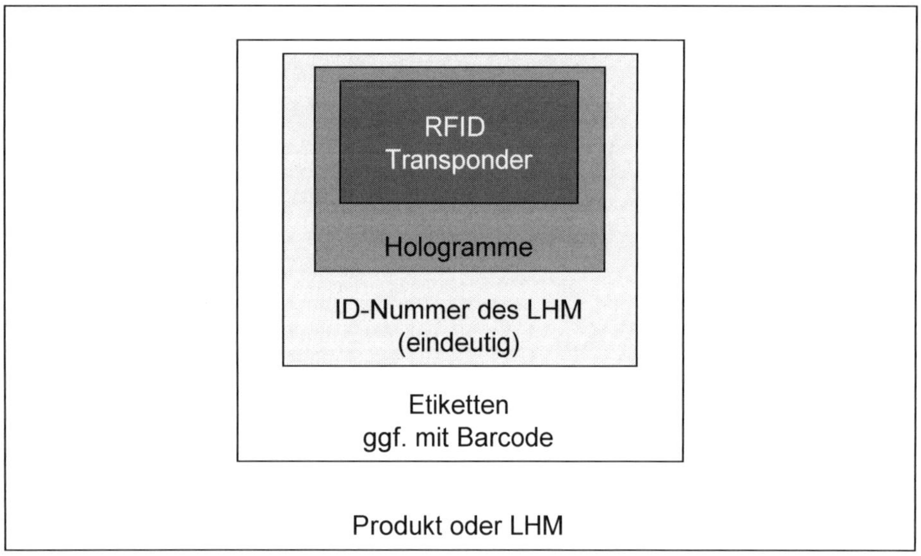

Bild 9: Vorschlag für ein Sicherungssystem zur Verhinderung von Produktpiraterie (Quelle: Roos).

1.4.2.4 Dateninhalte der Datenträger

Damit ein neues System erfolgreich in den Markt eingeführt werden kann, muss es die derzeitige Funktionalität problemlos bewältigen und kurz- und langfristige wirkende Vorteile auf der technischen und/oder wirtschaftlichen Seite aufweisen. Es erscheint deshalb als sinnvoll, zunächst mit dem Datensatz einer plausiblen Grundstufe eines Transponders zu beginnen, die dann später schrittweise ausgebaut und ergänzt werden kann. Dafür sollen zunächst nur die bereits genutzten Daten nach VDA 4902 weiter verwendet werden, um die Umstellungen bei der Einführung so gering wie möglich zu halten. Schon dieser erste Schritt soll für die Unternehmen einen Vorteil bringen. Neben der Weiterverwendung der bisherigen Kartentasche zur Befestigung des Transponders, soll deshalb zunächst ein Minimaldatensatz verwendet werden, welcher der bisherigen Kennzeichnung durch den Warenanhänger nach VDA-Empfehlung 4902 entspricht.

Der Warenanhänger nach VDA-Empfehlung 4902 gliedert sich in 18 Felder. Die einzelnen Felder sind in Größe und Lage bestimmt, wobei neben der alphanumerischen Darstellung bestimmte Informationen auch durch Strichcode verschlüsselt werden. Die Inhalte der Datenfelder sind in folgender Tabelle dargestellt.

Datenfelder auf dem Warenanhänger nach VDA 4902	
▪ Warenempfänger	▪ Mengeneinheit
▪ Abladestelle und Lagerort oder Verbrauchsort und Verwendungsschlüssel oder Zusatz zu Warenempfänger	▪ Sachnummer Lieferant oder Sachnummer Kunde für Packmittel oder Produktionsnummer
▪ Lieferscheinnummer	▪ Bezeichnung der Lieferung, Leistung
▪ Lieferantenanschrift	▪ Gefährliche Stoffe
▪ Gewicht netto	▪ Lieferantennummer
▪ Gewicht brutto	▪ Versanddatum
▪ Anzahl Packstücke	▪ Änderungsstand Konstruktion
▪ Sachnummer Kunde	▪ Packstück-Nummer
▪ Füllmenge im Packstück	▪ Chargen-Nummer

Tabelle 4: Datenfelder auf dem Warenanhänger nach VDA 4902.

1.4.2.5 Vor- und Nachteile des Warenanhängers nach VDA 4902 (Version 4)

Die Handhabung von LHM geschieht in der industriellen Praxis derzeit entweder

- manuell, d.h. ohne jegliche Handhabungshilfen,
- mechanisiert, z.B. mit Manipulatoren, wie manuell geführten Handhabungssystemen und
- automatisiert, z.B. mit Robotern.

Der zur Zeit benutzte papiergebundene Datenträger weist bei seiner Anwendung verschiedene Vor- und Nachteile auf, die im folgenden aufgeführt sind:

Die Vorteile des heutigen Warenanhängers liegen allgemein im

- niedrigen Preis für die Etiketten und
- die niedrigen Druckkosten.

Auch kann der heutige Warenanhänger vom Werker in manuellen Systemen

- ohne zusätzliches Lesegerät

ausgelesen werden.

Die Nachteile liegen allgemein und somit auch bei Anwendung in manuellen Systemen in folgenden Sachverhalten begründet:

- Die Daten sind unveränderbar, so dass der Datenträger immer ein Einweg-System darstellt. Eine dezentrale Datenhaltung ist nicht möglich.

- Der Warenanhänger muss ein- bzw. zweimal (je nach Kartentaschengröße) gefaltet werden. Er wird manchmal an einer Perforation abgetrennt bzw. abgeschnitten und muss dann manuell in die Kartentasche eingesteckt werden. Diese Vorgehensweise führt zu Wartezeiten und manuellem Arbeitsaufwand. Die betriebliche Praxis zeigt, dass in vielen Fällen die VDA-Empfehlung bzgl. der Anbringung der Warenanhänger nicht eingehalten werden (Beklebung, zusätzliche Befestigung, falsches Format, etc.).
- Die Lesbarkeit des Barcodes hängt von der Qualität des Ausdrucks und der horizontalen Ausrichtung des Warenanhängers ab. Das bedeutet, dass die Papier- und Ausdruckqualität wie auch die Positionierung des Warenanhängers kontrolliert werden muss. Notwendige Maßnahmen, wie z.B. die Wartung der Drucker müssen ebenso durchgeführt werden (z.B. Auswechseln der Druckeinheit).
- Der Warenanhänger ist empfindlich gegenüber Feuchtigkeit und Verschmutzungen u.U. sind also zusätzliche Schutzmaßnahmen erforderlich.
- Die Kartentasche ist für die Aufnahme des Warenanhängers ohne Zusatzeinrichtung zur Sicherung der Karte ungeeignet. Der Warenanhänger kann nur durch Verwendung von Klebepunkten gegen Verlieren gesichert werden.
- Geht ein Warenanhänger dennoch verloren, sind die Kosten zur Wiederermittlung der zugehörigen Daten enorm.

In mechanisierten und automatisierten Systemen liegen die Nachteile insbesondere in den folgenden Punkten:

- Die Dateninhalte auf dem Warenanhänger sind auf die oben angeführten 18 Felder begrenzt und zusätzliche Informationen können nicht untergebracht werden.
- Eine automatische Lesung der Daten ist kaum möglich und wird in der betrieblichen Praxis nicht durchgeführt. Zwar ist eine automatisierte Auslesung mit Hilfe von Strichcode Handscannern möglich. Dazu muss jedoch Sichtkontakt zwischen Warenanhänger und Lesegerät gegeben sein.

1.4.3 Status der RFID Systeme in der Automobilindustrie (Dez. 2001)

1.4.3.1 Einsatzgebiete

RFID Transponder sind in der Automobil Endproduktion bereits seit über 15 Jahren in der Produktion und der Logistik im Einsatz.

1.4.3.1.1 Produktion

In der Regel werden in der Automobilendproduktion drei unterschiedliche Datenträger eingesetzt,

- im Rohbau,
- in der Lackiererei und schließlich
- in der Montage.

Die Transponder werden bisher vorwiegend im werksinternen Einsatz in geschlossenen Anwendungskreisläufen wiederverwendet. Sie werden z.B. bei Rohbaustart am Bodenblech befestigt und mit allen, für den Rohbau relevanten Daten beschrieben. Am Rohbauende wird der Transponder vom Fahrzeug entfernt und kostenaufwendig zum Rohbaustart zurücktransportiert, wo er an das nächste Fahrzeugbodenblech abgebracht werden kann.

Am Rohbauende wird ein anderer Transponder für den nächsten Prozessschritt, die Lackierung, angebracht. Der Transpondersystemwechsel wird hier durchgeführt, da in der Lackiererei eine Temperaturbeständigkeit des Transponders über mehrere Stunden bis ca. 220°C gefordert wird. Bei diesen Temperaturen ist herkömmliche RFID Elektronik nicht stabil funktionsfähig. Die Transponder in der Lackiererei haben daher ein Gehäuse (Kapselung), das sie über einen längeren Zeitraum gegen die hohen Temperaturen schützt. In diesem Feld gibt es Entwicklungen zu einer wärmefesten Elektronik, die weiter zu beobachten sind. Marktfähige Produkte wärmefester Transponder in Siliziumtechnik ohne Kapselung existieren nach unserem Kenntnistand noch nicht.

Die aufwendige Kapselung macht wärmefeste Transponder in der Investition deutlich teurer. Hierin ist bisher der Hauptgrund für einen abschnittsweisen Einsatz der Transponder in der Automobilproduktion zu sehen.

Schließlich werden für die Montage nochmals die Transponder gewechselt. Diese sind häufig vom selben Systemtyp, wie die im Rohbau verwendeten Transponder. Teilweise sind in der Montage aber Transponder mit höheren Speicherkapazitäten erforderlich.

1.4.3.1.2 Logistik

Darüber hinaus werden Transponder auch für folgende Einsatzzwecke in der Logistik und Produktion der Fabriken verwendet:

- Zur Fahrkursidentifikation von fahrerlosen Transportsystemen (FTS).
- Automatisierte Lenkung von Warenströmen auf Systempaletten in Montagesystemen (Zielsteuerung).
- Automatische Erkennung von Fahrzeugbaugruppen, z.B. Türen, Türverkleidungen, Abgasschalldämpfer, Sitze und Informationstafeln, durch Transponder an Transportgestellen, Kennzeichnung von Kabelbäumen, etc.
- Als KANBAN Karte mit allen Informationen über komplexe Bauteile (Gebrauchsmuster IFT-LL).

Anwendungen von Transpondern an LHM der Automobilindustrie sind nach unseren Informationen bisher noch in der Versuchsphase.

1.4.3.1.3 Sicherheit

Häufig werden Transponder im Zusammenhang mit anderen Systemen verwendet (Hologramme, Etikett, Teile -Nr., etc., vgl. hierzu auch Bild 9).

Im Bereich der im Kraftfahrzeug eingesetzten Transponder sind insbesondere Systeme für Wegfahrsperren bekannt, die seit 1995 in vielen Fahrzeugtypen auch serienmäßig verbaut werden. Hier handelt sich um induktive, passive Transponder, die im Frequenzbereich 135 kHz arbeiten. Im Sinne einer weiteren Gewährleistung der Systemsicherheit solcher Anlagen, sind Festlegungen in diesem Bereich, die eventuell in einen Standard eingehen könnten zu berücksichtigen.

In naher Zukunft sind auch am Fahrzeug verbleibende Transponder für die schnelle und sichere Fahrzeugidentifikation zu erwarten. Optimierungspotenziale bieten solche Systeme insbesondere für Wartung und Instandhaltung aber auch für das Fahrzeugrecycling oder für einen verbesserten Diebstahlschutz, z.B. mit GPS Ortung, um nur wenige Anwendungsmöglichkeiten zu nennen.

1.4.3.1.4 Anwendungen in anderen Branchen und Bereichen

Bekannte Anwendungen der Transpondertechnik in anderen Branchen und Bereichen sind:

- Kennzeichnung von Mülltonnen, Gasflaschen, Keg's (Getränkefässer), usw.
- Zutritts- und Zugriffssteuerung für Sicherheitsbereiche in Unternehmen (z.B. in Werksausweis integriert).
- Elektronische Signatur, z.B. für eindeutige Identifikation im Internet.
- Elektronische Tickets, z.B. ÖPNV, Ski-Lifte, Parkhäuser, Sportveranstaltungen.
- Elektronische Geldbörsen (z.B. Geldkarte).
- Automatische Ereignisdokumentierung in Sport (z.B. Runden- und Laufzeiten bei Stadtmarathon).
- Diebstahlschutz von Waren im Handel.
- usw.

1.4.3.2 Applikationen für aktive und passive Transponder

Für Anwendungen in der Automobilproduktion werden im Rohbau, in der Lackierung und Montage nach den vorliegenden Informationen vorwiegend aktive Transponder eingesetzt. Für die Fahrzeugidentifizierung und in der Lieferkette werden auch oft passive Systeme verwendet.

1.4.3.3 Technische Daten

Eine Übersicht über die eingesetzten Transponder und die technischen Daten bei den OEM sind auszugsweise in nachfolgender Tabelle dargestellt.

Einsatzgebiet / OEM	Audi Werk Ingolstadt	BMW Kabelbaum	BMW Karosserie	BMW Regensburg	DCAG Werk Sindelfingen	VW Werk Wolfsburg
RFID-Hersteller	Baumer Ident	Siemens	Siemens	Balluf, Philips, Siemens, TI	Baumer Ident	Identec
Typbezeichnung	OIS-P	Moby-L	Moby-E	Balluf, Premid, Moby E, TIRIS	OIS-P	IQ-8
Arbeitsfrequenz	2,45 GHz	1,5 MHz	13,56 MHz	Frequenzplan	2,45 GHz	868 MHz
Frequenzhopping	nur bei neueren Geräten	nein	nein	k.A.	nur bei neueren Geräten	k.A.
Aktiv/Passiv	aktiv	passiv	passiv	passiv	aktiv	aktiv
Speichergöße	Rohbau/Lack 8 kByte Montage 32 kByte	512 Byte	752 Byte 4 Byte Seriennr.	10 bis 1024 Bit	8 kByte	8 kByte
Speichertechnologie	RAM	EEPROM	EEPROM	EEPROM	RAM	RAM
Datenübertragungs-geschwindigkeit	k.A.	k.A.	>= 2,8 ms/Byte	9600 Bit/s	Schreiben 40 kBit/s Lesen 65 kBit/s	100 kBaud
Schreib-/Lesereichweite	k.A.	Grenzabst. 30-50mm Arbeitsabst. 20-40mm	50 mm	30 - 50 cm	0 - 10 m	0 - 60 m
Spannungsversorgung	k.A.	24 V	24 V	24 V bzw. 230 V/AC	24 V	24 V bzw. 220 V/AC
Betriebsstundenleistung	k.A.	18 h/Tag	18 h/Tag	100-130 h /Woche	24 h /Tag 5 Tage/Woche	24 h/Tag 7 Tage/ Woche
Temperaturbereich	Lackiererei bis zu 250°C	Raumtemperatur bis Außentemperatur	Normale Raumtemperatur	-30°C bis +40°C	-40°C bis +70°C -40°C bis +235°C	-10°C bis +90°C
Batterie	ja	Nein	Nein	Nein	Ja / wechselbar	k.A.
Batterielebensdauer	bis zu 8 Jahre	-	-	-	10 Jahre	> 6 Jahre
Schutzart	k.A.	IP 67	IP 67		IP 67	k.A.
Schnittstellen zu EDV	k.A.	Hersteller-Software	Hersteller-Software	Treiber für Windows und Automat.-geräte	3964R für SPS / PC	Ethernet TCP/IP
Datenorganisation	k.A.	byteweiser Zugriff	byteweiser Zugriff (16Byte Blockordn.)	freier Zugriff	fileorientiert, freier byteweiser Zugriff	fileorientiert, freier byteweiser Zugriff
Fehlerraten	< 0,2 %	im Promille Bereich	Keine Störungen	Schreiben < 0,1% Lesen < 0,01%	< 0,1%	< 0,3 %

Tabelle 5: Technische Daten der eingesetzten Transponder bei OEM (vgl. Daten aus Umfrageaktion).

1.4.3.3.1 Frequenzen

Aus Tabelle 5 ist ersichtlich, dass heute in der Automobilbrache nach unserer Umfrage vom Dezember 2001 RFID Systeme mit folgenden Arbeitsfrequenzen (Frequenzbänder) zum Einsatz kommen:

- 135 kHz
- 1,5 MHz
- 13,56 MHz
- 868 MHz
- 2,45 GHz

Zur Vervollständigung der Frequenzbänder sei hier noch dargestellt, dass Fahrzeug-fern-Schließsysteme, wie auch Funksteuerungen, im Frequenzbereich 433 MHz arbeiten.

Die nachfolgende Darstellung gibt einen Überblick über die ISM Frequenzbänder, die weltweit frei, d.h. ohne Anmeldung bei der zuständigen Regulierungsbehörde und ohne Bezahlung von Nutzungsgebühren, nutzbar sind.

Bereich	ISM - Frequenzband von	bis	Einheit	RFID Frequenzen	Messungen am IFT-LL vorhanden
kHz	(1)			125 - 135 kHz	X
MHz	6,765	6,795	MHz		
	13,553	13,567	MHz	13,56 MHz	X
	26,957	27,283	MHz		
	40,660	40,700	MHz		
	433,050	434,790	MHz	433 MHz	
	(2)			[868 / 915] MHz	
GHz	2,400	2,500	GHz	2,45 GHz	
	5,725	5,875	GHz	5,8 GHz	
	24,000	24,250	GHz		
	61,000	61,500	GHz		
	122,000	123,000	GHz		
	244,000	246,000	GHz		

(1) *z.B nationale Nutzungsbestimmungen der RegTP sowie DIN ISO 11784*

(2) *nach CEPT/ERC 70-03*

Tabelle 6: ISM Frequenzbänder (Datenquelle: FreqBZPV; Bildquelle: IFT-LL).

Folgende, in der Automobilindustrie eingesetzten Frequenzbänder sind also zu den ISM-Frequenzbändern zu zählen:

- 13,56 MHz
- 433 MHz
- 2,45 GHz

Folgende Frequenzbänder sind keine ISM Frequenzen:

- 135 kHz
- 1,5 MHz
- 868 MHz

Die Frequenzen zwischen 5 – 135 kHz sind national, z.B. in Deutschland, im Bereich von Induktionsfunkanlagen nutzbar (vgl. hierzu „nationale Nutzungsbestimmungen der RegTP" sowie ISO 11785).

Das Frequenzband 868 MHz ist im europäischen Raum lokal für SRD (Short Range Device, vgl. CEPT/ERC 70-03) Anwendungen nutzbar.

In der folgenden Tabelle sind nun beispielhafte, bereits existierende Anwendungen in verschiedenen Frequenzbändern dargestellt.

Frequenzband	Beispielhafte Anwendungen	Sendeleistung
125 – 135 kHz	Tieridentifikation mit Transpondern	
13,56 MHz	Warenverfolgung (Tracking & Tracing) RFID System	max. 4 W bzw. 42 dBμA/m in 10 m Entfernung
26,9 – 27,3 MHz	Fernsteuerungen für Kinderspielzeug, Funkmaus	
433 – 434 MHz	Amateur-Funkanlagen, Modellflieger, Hifi-Anlagen, Pkw Funkfern-Schließanlagen	bis zu 700 W !
Bereich < 860 MHz	UHF Fernsehband	
863 – 865 MHz	Audio Übertragungen: Mikrofone, Kopfhörer	
868 – 870 MHz	Schnurlose Telefone (EU)	max. 0,5 W („duty cycle“)
824 – 894 MHz	Advanced Mobile Phone System (AMPS) Pendant zum europäischen GSM900 (Handy D-Netz)	
890 – 960 MHz	D-Netz nach europäischen Mobilfunkstandard GSM900	2 W (Telefon)
1,71 – 1,88 GHz	E-Netz nach europäischen Mobilfunkstandard GSM1800	1 W (Telefon)
1,85 – 1,99 GHz	Personal Communication Service (PCS) Pendant zum europäischen GSM1800 (Handy E-Netz)	
1,9 – 2,2 GHz	Universal Mobile Telecom System (UMTS)	
2,4 – 2,5 GHz	Wireless LAN, BlueTooth, Videoübertragung, Mikrowellengeräte für die Küche	abhängig ob Indoor bzw. Outdoor und der Bandbreite
2,4 – 2,48 GHz	RFID System	10 mW

Tabelle 7: Beispielhafte Anwendungen in verschiedenen Frequenzbändern.

Es wird deutlich, dass sich insbesondere im Bereich der ISM Frequenzbänder, die nicht zulassungsbedürftig sind und daher eine ordnende Funktion einnehmen, viele unterschiedliche Anwendungen wiederfinden. Daher ist es wichtig, die Nutzung von RFID Systemen mit vergleichsweise geringen Sendeleistungen in diesen „Frequenzmüllhalden“ (aus Quelle ..) besonders sorgfältig zu planen und in einer standardisierten Vorgehensweise durchzuführen.

Maßnahmen zur Sicherung der Datenübertragung zwischen SLG und Transponder können hierbei sein:

- Nutzung des Frequenzhopping Verfahrens bei schmalen Kanalbandbreiten.
- Reglementierung des Frequenzbandes durch Zeitlimits für den Sendebetrieb („duty cycles“), z.B. bei schmalen Frequenzbändern.
- Eine breitbandige Anwendung, die durch schmalbandige Störquellen nicht stark beeinträchtigt werden kann. Die Datenübertragung findet hier auf breit variablen Frequenzen statt. Werden eine oder mehrere Frequenzen „schmalbandig“ gestört sind meist noch genügend Reserven vorhanden, die eine Störung kompensieren helfen.

Weitere konstruktive Maßnahmen zur Gewährleistung der Übertragungssicherheit in der RFID Luftschnittstelle können sein:

- Optimierung des Schwingkreises durch Verbesserung der Antennenkonstruktion der Transponder zu schmalbandigen, effektiven Antennen, die bei geringeren Leistungen große Reichweiten erreichen können.
- Optimierung der Gestalt des elektromagnetischen Feldes durch die Durchführung von Abschirmmaßnahmen, um Beeinträchtigungen durch Störstrahlungen oder unerwünschte Reflexionen zu verhindern.

1.4.3.3.2 Sendeleistungen von RFID Systemen

Das nachstehende Bild gibt einen Überblick über zugelassene und genutzten Sendeleistungen der Antennen von RFID Systemen.

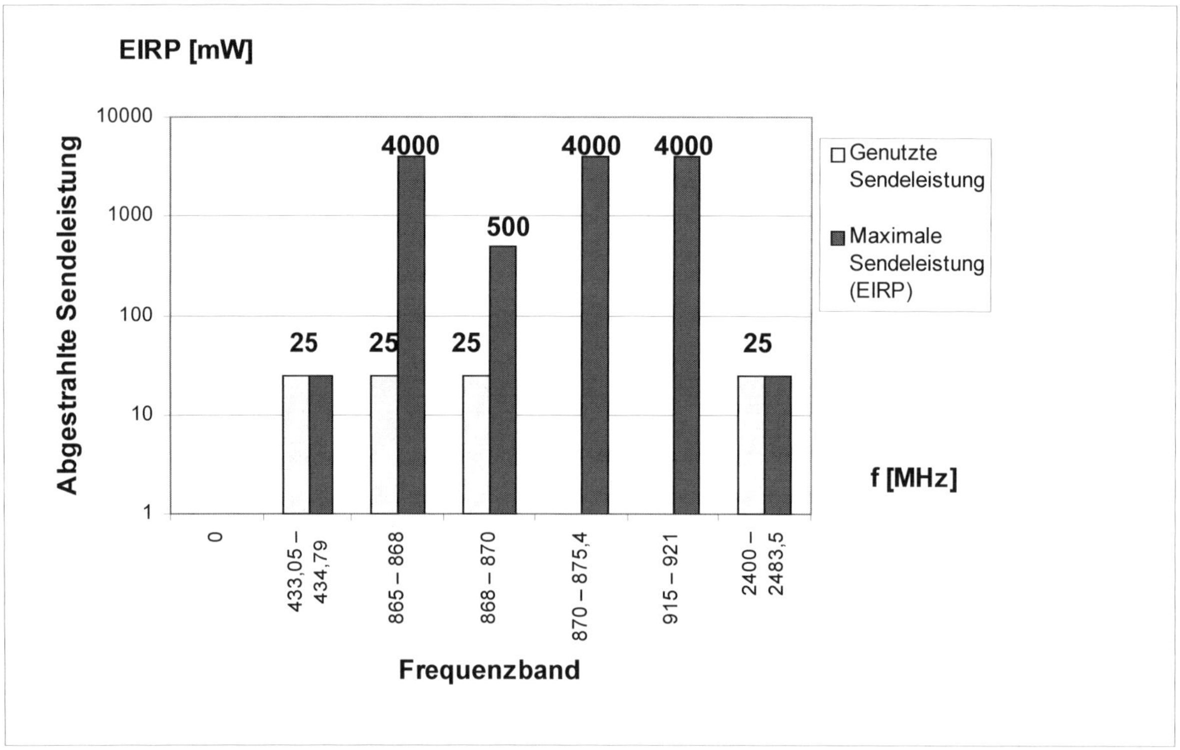

Bild 10: Genutzte Werte und zugehörige Grenzwerte für die abgestrahlte Sendeleistung von RFID Antennen (Datenquelle: AIM Frequency Forum 2000 und Datenblätter RFID Hersteller).

Man erkennt, dass die abgestrahlte Sendeleistungen der RFID Antennen über alle betrachteten Frequenzen gleichbleibend bei 25 mW liegen. Im Frequenzband von 868 bis 870 MHz ist die Sendeleistung bereichsweise unterschiedlich und liegt entweder bei 25 mW oder 500 mW, wie aus nachstehendem Bild ersichtlich wird.

Die maximalen Grenzwerte sind in der DIN VDE 0848 geregelt (vgl. dazu Bild 27).

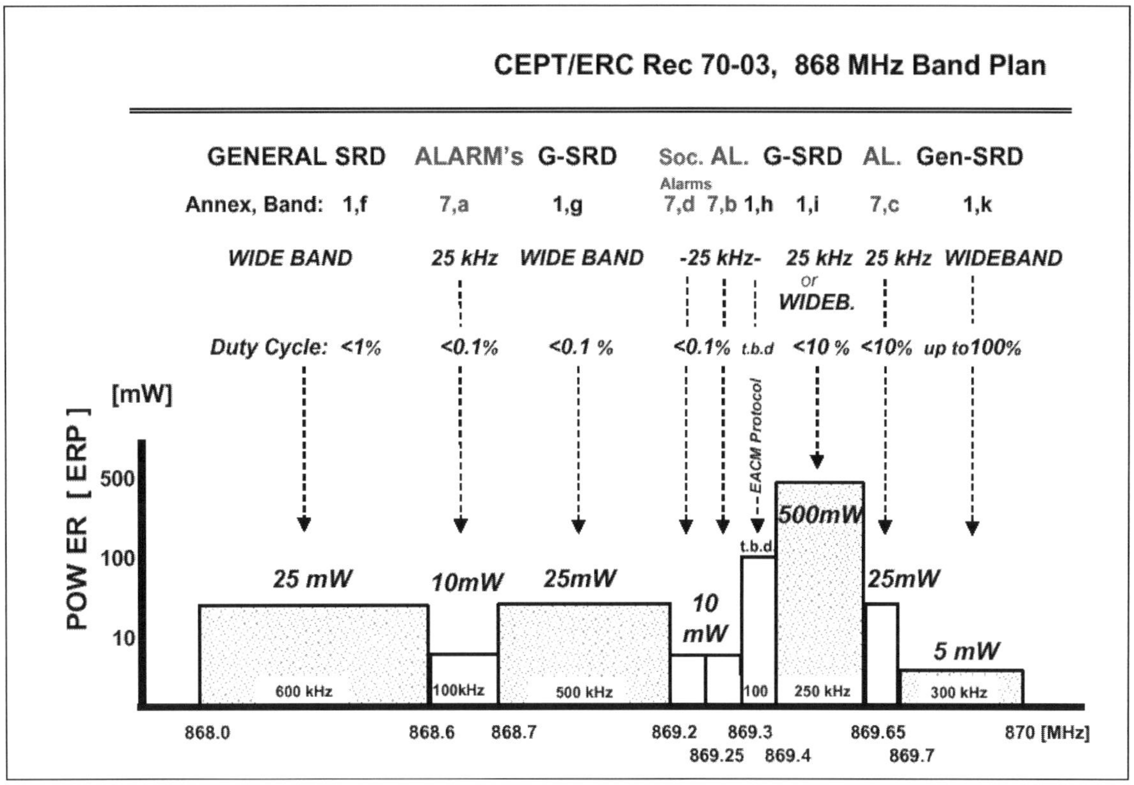

Bild 11: Sendeleistungen im Frequenzband 868 MHz (Bildquelle: Fa. Identec).

1.4.3.3.3 Dateninhalte und Datenübertragungsraten

Die Datenübertragungsraten der eingesetzten Systeme streuen im Bereich der passiven Systeme je nach Übertragungsfrequenz für die Luftstrecke von ca. 2400 Bit/s bis ca. 30000 Bit/s.

Im Bereich der aktiven Systeme werden bei höheren Frequenzen auch deutlich höhere Übertragungsraten erreicht, die z.B. bis zu 100 kBaud (oder 100 kBit/s) betragen können.

Die zu übertragenden Dateninhalte in der Automobilindustrie sind bisher:

- Produktionsrelevante Daten,
  z.B. Fahrzeug Bauauftrags-, Kunden- und Identifizierungsnummer oder Daten zur Steuerung der richtigen Anbauteile für ein Fahrzeug, die also zur verbesserten Steuerung von Prozessabläufen dienen.
- Daten für Anlagensteuerungen (Steuerungstechnik),
  wie z.B. Schweißanlagensteuerung, Schraubprogrammvorgaben oder Daten für die automatische Erstbetankung.
- Fertigungsfortschrittsdokumentierung und Qualitätsdaten.
- Daten zur detaillierten Visualisierung von Fertigungsprozessen an den Arbeitsstationen.
- Daten zur Identifikationskontrolle mit Prüfung der Zutrittsberechtigung.

1.4.3.3.4 Protokolle

Die heute bereits standardisierten Übertragungsprotokolle für die Luftschnittstelle sind aus Entwicklungen einzelner oder mehrerer RFID Hersteller hervorgegangen, die für ihre Systeme eine Standardisierung in der ISO beantragt und durchgesetzt haben. Durch diese Protokolle sind Basisfunktionalitäten gewährleistet, so dass die Systeme zueinander kompatibel sind, wenn man sich auf diese Basisfunktionalitäten beschränkt. Jeder Hersteller hat darüber hinaus auch die Möglichkeit weitere Funktionalitäten in sein System zu integrieren und sich somit von einem Konkurrenten zu unterscheiden.

Im Bereich 13,56 MHz ist durch die ISO 15693 ein standardisiertes Übertragungsprotokoll vorgegeben. Für diesen Frequenzbereich ist jedoch bemerkenswert, dass sich die Entwicklerfirmen ihre Entwicklung gleichzeitig in Patentschriften schützen ließen. Andere Herstellerfirmen müssen Lizenzgebühren für die Nutzung des so standardisierten Protokolls nach ISO 15693 bezahlen – eine unseres Erachtens unklare Situation.

Im Bereich der AIAG (Automotive Industry Action Group) ist derzeit ein RFID Standard für die Räder Identifikation in der Erarbeitung. In einer bereits detailliert, ausgearbeiteten Entwurfsfassung (Draft) wird auf das Übertragungsprotokoll nach ISO 15434 verwiesen. Für die Luftschnittstelle wird auf das Protokoll nach ANSI MH 10.8.4 verwiesen.

Für die Anbindung an übergeordnete Steuerungssysteme werden auf serieller Schnittstellenebene die Protokolle 3964-R und RS 232 sowie andere bekannte Standards angewendet. Die Anbindung an das Intranet (LAN) wird hingegen gerne über das TCP/IP bewerkstelligt. Die Entwicklung neuer breitbandiger I/O-Protokolle ist hier weiter zu beobachten und muss für zukünftige Normungsarbeiten beachtet werden.

Zur Zeit wird eine zusammenfassende Norm für RFID Systeme erarbeitet, die ISO 18000, welche zum Teil bestehende Normen ersetzen und/oder ergänzen soll. Insbesondere sind hier für die Frequenzen UHF und 2,45 GHz neue Protokolle beantragt.

Im europäischen Raum ist seit etwa Ende 1997 die Empfehlung CEPT/ERC 70-03 gültig, welche die Nutzung verschiedener Frequenzbänder regelt. Die darin beschriebenen Frequenzbänder – und hierunter fällt auch das UHF Band 868 MHz – dürfen als Short Range Device (SRD) verwendet werden, wenn die Empfehlung durchkommt.

1.5 Dynamische Änderung der Randbedingungen durch E-Business

Neue I+K-Techniken auf der Basis von vernetzten EDV Systemen und Zugriffsmöglichkeiten auf zentral oder dezentral gespeicherte Informationen schaffen die Voraussetzungen für dynamische Netzwerke bis hin zur Realisierung einer virtuellen Fabrik. In solchen Netzwerken wächst die digitalisierte Informationsmenge stetig an und die

Datenspeicher nehmen somit eine zunehmend wichtigere Rolle ein; sie gelangen in den Betrachtungsvordergrund von Netzwerkarchitekturen, noch vor den Rechnernetzen. RFID Transponder könnten in solchen Speichernetzwerken die Funktion von dezentralen Speichern für bestimmte Wertschöpfungsketten übernehmen und den Zentralrechner deutlich entlasten.

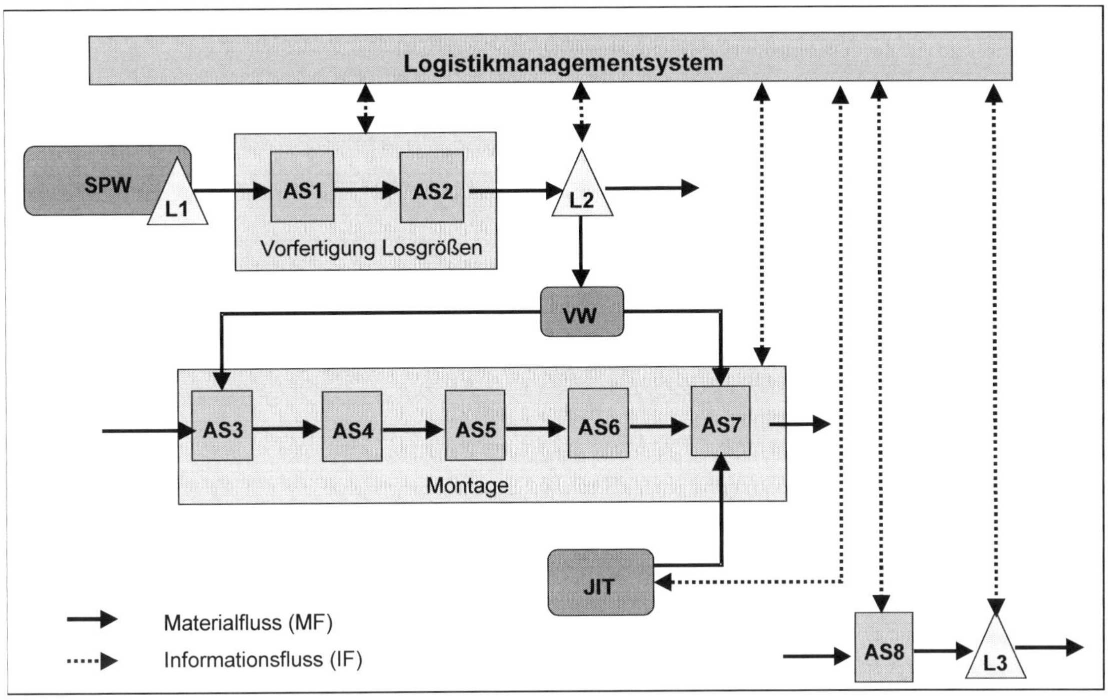

Bild 12: Material- und Informationsfluss in einem Produktionssystem (Quelle: Roos).

Die Vor- und Nachteile einer dezentralen Datenhaltung werden in nachfolgender Tabelle zusammenfassen dargestellt:

Vorteile	Nachteile
+ Alle relevanten Daten können am Ladungsträger mitgeführt werden (Transparenz der Prozesskette).	- Datenverlust bei Ausfall des dezentralen Speichers (Transponder). Eine Sicherung der wichtigen Daten wird notwendig (Notstrategie).
+ Ein geringerer Kommunikations- und Koordinierungsaufwand zwischen Leitrechner und Subsystem wird erreicht.	- Visualisierung der Daten des Transponders am Arbeitsplatz ist notwendig, aber nur mit zusätzlichem Equipment durchführbar.
+ Der Leitrechner wird von Steuerungsaufgaben entlastet.	- In der Regel sind die Transponder teurer.
+ Gute Notlaufeigenschaften, z.B. bei Ausfall des Leitrechners. Ein Wiederanlauf nach Störungen wird erleichtert.	- Ein Datenabgleich ist schwieriger durchführbar.
+ Durch „intelligente" Transponder wird eine Zielsteuerung möglich.	

Tabelle 8: Vor- und Nachteile einer dezentralen Datenhaltung.

1.5.1 Speichernetzwerke (Storage Area Network)

Nach einer Darstellung der Fa. IBM sind Speichernetzwerke (SAN) zentral gemanagte Hochgeschwindigkeitsnetzwerke (z.B. verbunden über LWL) für dezentralisierte Speicher, die mit Hilfe einer Speichermanagement-Software betrieben werden.

In dieses System sind, wie bei heutigen Computer Netzwerken auch, Server und Netzwerkhardware (z.B. Router) implementiert. Damit können Prozessinformationen dezentral gehalten und abgerufen werden.

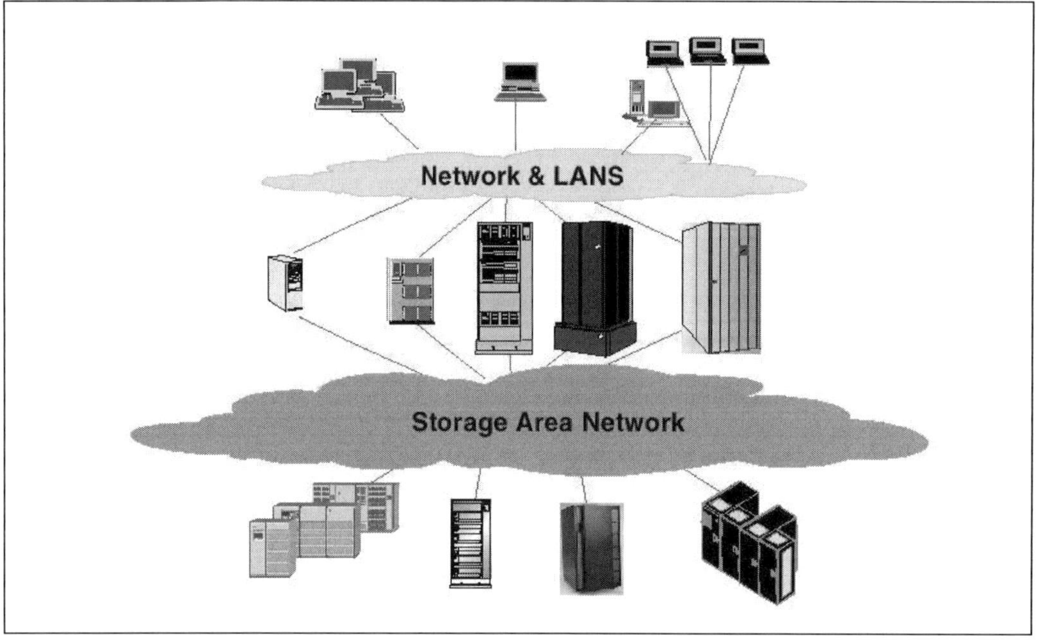

Bild 13: Storage Area Network (Quelle: IBM).

Derzeit wird eine Weiterentwicklung heutiger Computer Netzwerke zu solchen SAN betrieben und die Grundvoraussetzungen mit der Entwicklung von entsprechender Hard- und Software geschaffen.

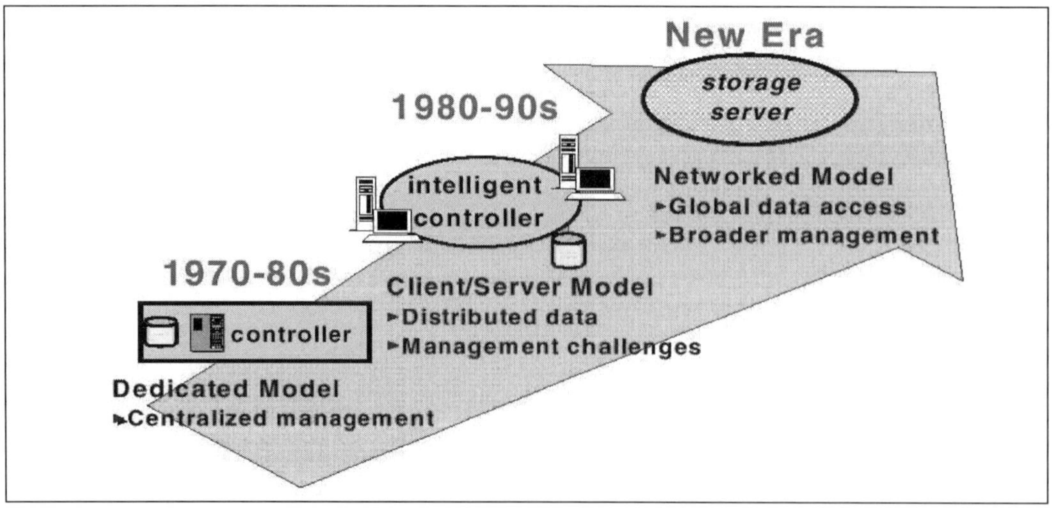

Bild 14: Entwicklung zum Storage Area Network (Quelle: IBM).

In der Praxis der Automobilindustrie sind solche Entwicklungen zu Speichernetzwerken wiederzuerkennen. Beispielhaft sei hier das im folgenden beschriebene Redesign bestehender RFID Systeme bei der Fa. Audi angeführt.

Nach einer Beschreibung der Fa. Audi wird mit dem Ziel die Komplexität des Ablaufs zu reduzieren, die Logik des Ablaufs auf mehrere sogenannte Agenten verteilt (Multiagentensystem). Während bisher ein Server an mehreren RFID Antennen angebunden ist, gibt es in Zukunft eine eins zu eins Beziehung zwischen einem SLG und einem Softwareagenten. Hardwareseitig findet beim Redesign ein Wechsel von konventionellen eins zu eins Beziehungen zwischen Lesegerät und einem Computer zu einer Zellenrechnerstruktur statt. Jeweils am Ende eines Montagebandes befindet sich ein sogenannter Zellenrechner, an den alle Lesegeräts dieses Bandabschnitts via LAN angebunden werden. Damit kann dann von jedem beliebigen Rechner im Systemnetz der Transponder ausgelesen werden.

1.5.2 Diffusionsszenario

Die Begriffe Netznutzen und Kompatibilität beschreiben die Tatsache, dass Individuen eher dazu bereit sind, ein Gut zu kaufen, wenn es viel andere Wirtschaftsubjekte gibt, die das gleiche Gut konsumieren (vgl. H. Wiese, 1990).

Bei der Weiterentwicklung und dem Einsatz von RFID Systemen ist also deren Netzeffekt ein maßgebendes Kriterium für die Akzeptanz im Markt. Der Einsatz von standardisierten RFID Systemen schafft von der Werksebene über die Konzernebene bis zur Branchenebene zunehmende Netzeffekte. D.h. es ist die Entwicklung von Systemen anzustreben, die ein möglichst breites Einsatzspektrum haben.

Ein Netzeffektgut – und hierzu sind auch die Transponder zu zählen – schafft sich seine Marktakzeptanz (Standard), wenn eine kritische Masse erreicht und/oder überschritten wird. Dies kann z.B. bedeuten, dass eine bestimmte Anzahl von transpondergestützten Prozessen im Markt etabliert sind. Das System wird durch den ansteigenden Netzeffekt zum „Selbstläufer". Als Beispiel hierfür sind die Mobilfunkbetreiber zu nennen, die diese kritische Masse an Geräten, z.B. durch Subventionen im Markt einbringen konnten.

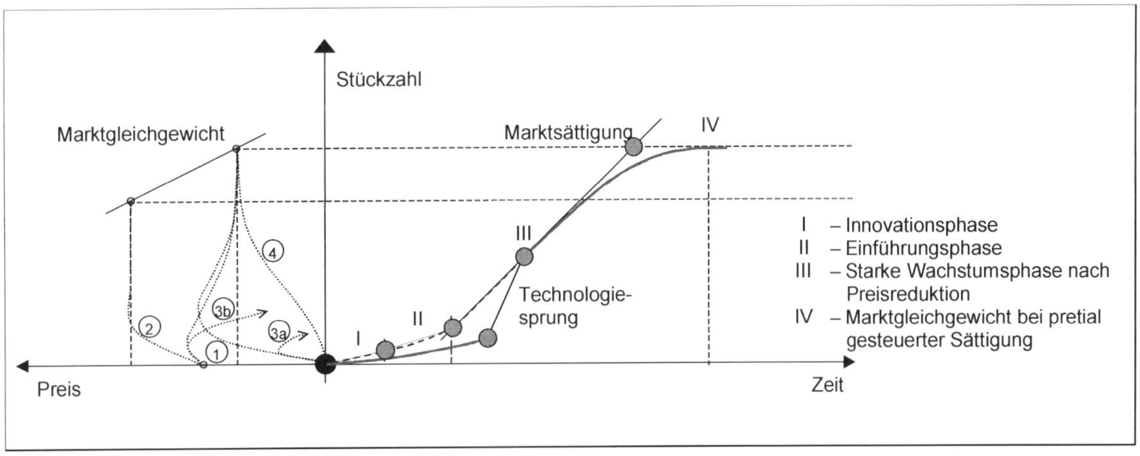

Bild 15: Diffusionstheorie von neuen Technologien (Quelle: Roos).

Für eine erfolgreiche Marktdurchdringung von RFID Systemen in der Automobilindustrie, sind daher Annahmen zu treffen, wie ein standardisiertes Produkt auszusehen hat und wie die Randbedingungen bei der Markteinführung sein müssen.

1.6 Modell des Informationsflusses

Der die Auftragsabwicklung begleitende Informationsfluss kann prinzipiell unterteilt werden in

- einen voreilenden,
- einen warenbegleitenden (Einsatzbereich für die RFID -Technologie)
- und einen nacheilenden Informationsfluss.

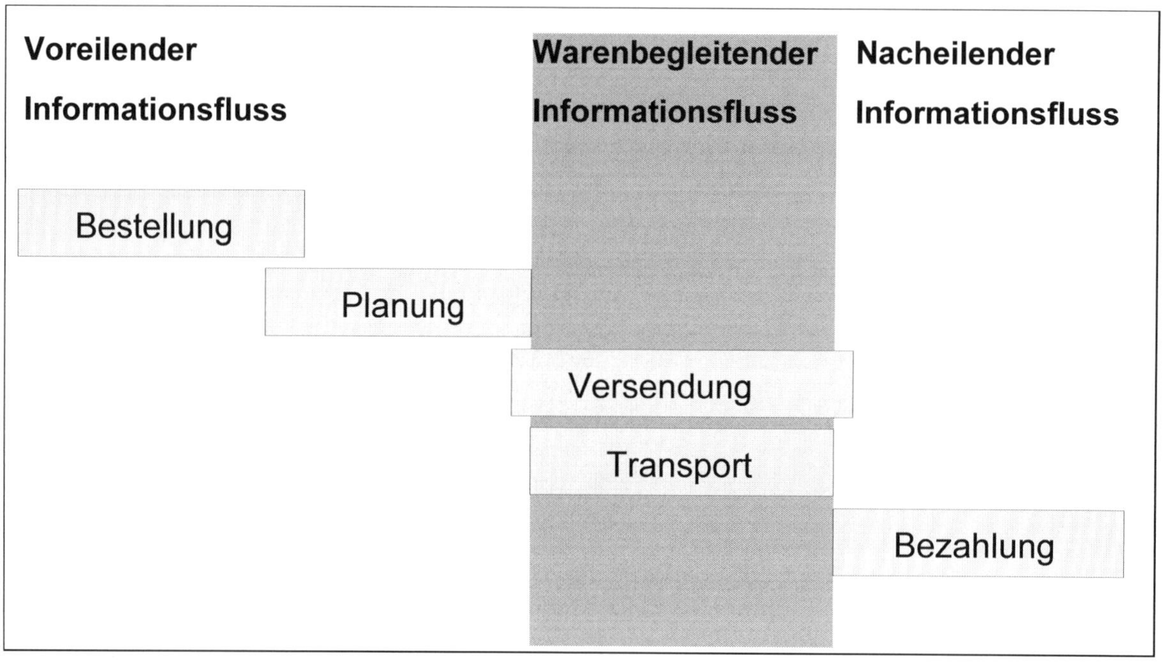

Bild 16: Chronologische Gliederung des Informationsflusses (Quelle: Roos).

Während der vor- und nacheilende Informationsfluss durch bestehende Standards, z.B. EDI und EDIFACT, weitgehend automatisiert durchgeführt werden kann, muss zur Erfüllung entsprechender Standards im warenbegleitenden Informationsfluss oft eine fehlerbehaftete, manuelle Dateneingabe, z.B. im Wareneingang, durchgeführt werden.

Bei der Nutzung von RFID Systemen sollten alle Vorteile gegenüber bisher verwendeten Systemen (z.B. Warenanhänger nach der VDA-Empfehlung 4902 Version 4) zunächst erst erhalten bleiben und dann systematisch noch weiter verbessert werden.

Ziel ist daher die Schaffung eines „intelligenten" Transponders, der alle Informationen besitzt, die für den Materialfluss in der Wertschöpfungskette im weitesten Sinne notwendig sind. Damit wird dem Bauteil oder dem LHM (z.B. Kasten) sozusagen ein „Informationspaket" beigelegt.

Durch diese Vorgehensweise wird die übergeordnete Steuerungs- und EDV-Ebene entlastet und z.B. ein Wiederanlaufen des Produktionsprozesses nach einer Störung des Informationsflusses durch die körperliche Verknüpfung von Material- und Informationsfluss vereinfacht und so die Verfügbarkeit der Produktionssysteme verbessert.

Die Auswirkungen dieser Konzeption sind vielfältig und betreffen neben dem eigentlichen Datenträger (Speicherplatzanforderungen, Strukturierung der Datensätze, Verschlüsselungsmöglichkeiten für firmeninterne Daten, etc.) auch die Steuerung und Betriebsdatenerfassung des Materialflusses, der Produktion und der Gütesicherung.

Durch die Möglichkeit, im Transponder einzelne Daten zu ändern, können Informationen, die auf dem Weg des Materials durch das Unternehmen verändert werden, auch synchron auf dem Datenträger abgeglichen werden. Ein Beispiel für solche Daten wäre die Quittierung von Arbeitsschritten, evtl. mit Statusmeldung über die Controlling-Schnittstellen an die zentrale PPS sowie die Speicherung von Qualitätssicherungsdaten.

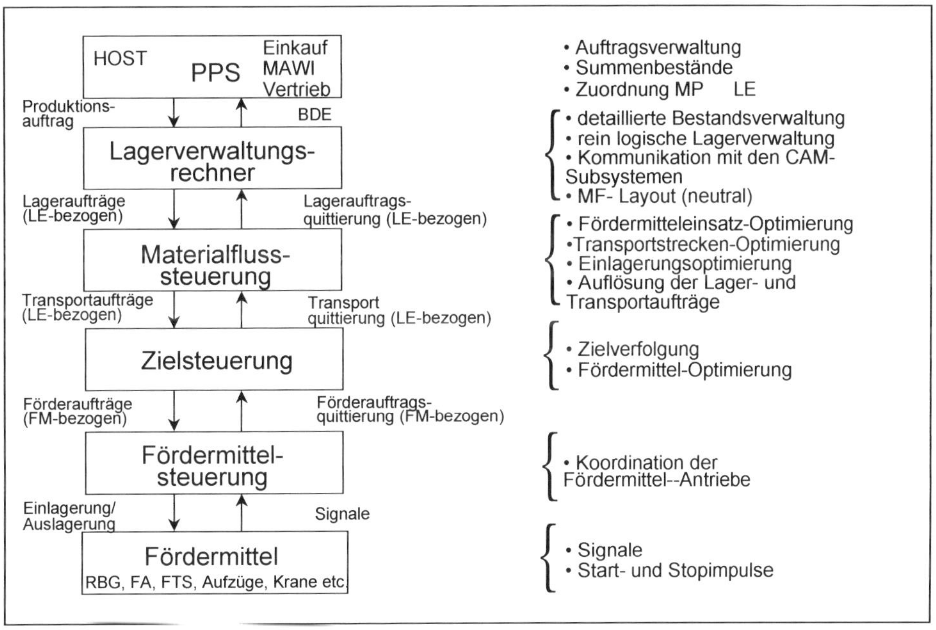

Bild 17: Automatisierung der technischen Kommunikation am Beispiel des werksweiten Bestandsmanagements für das Lagerwesen (Quelle: Roos).

1.6.1 Produktdatenmodell

Der Erfolg eines marktfähigen Produkts hängt von der Fähigkeit der Unternehmen ab, entlang der Entwicklungs- und Zuliefererkette alle benötigten Daten in einem Produktdatenmodell bereitzustellen, optimal zu kommunizieren, Daten gezielt auszutauschen und schnelle Entscheidungen zu treffen. Nur eine optimale Verteilung der Daten auf alle an der Auftragsabwicklung beteiligten Stellen erbringt die optimale Verfügbarkeit für das Gesamtsystem.

1.6.1.1 Produktbezogene Datenintegration

Für eine sinnvolle Zusammenarbeit benötigt man nicht nur Datenautobahnen sondern komplette Informationen über Entwicklungsstände, Produkte, Versionen, Produktverhalten, Freigabe- und Fertigungsprozesse; also alle Informationen des virtuellen Produkts für eine virtuelle Fabrik.

Die 3-D-Geometriedaten eines Produkts allein reichen nicht aus, um die erforderlichen Daten und Informationen für eine werkstoff- und maschinenspezifische Fertigung und Montage im Produktionsmodell abzubilden.

Eine Methodik zur Produktbeschreibung ist die Feature-Technologie (vgl. Achten/ Leuwen, 1999). Hierbei wird das Produkt durch werkstoffspezifische Grundformen beschrieben, die durch fertigungsspezifische Operationen an den einzelnen Arbeitsstationen – Features – verändert werden.

Die durchgängige Nutzung von Produktdaten wird unter dem Begriff CIM zusammengefasst. Im Vordergrund dieses Konzepts steht vor allem die informationstechnische Durchdringung des Entwicklungs- und Fertigungsprozesses, mit der Nutzung einer gemeinsamen produktbezogenen Datenbasis mit Hilfe geeigneter integrierter Produktdatenmodelle.

1.6.1.2 Auftragsbezogene Datenintegration

Die Logistik strebt die durchgängige Integration der Daten entlang der Prozesskette an.

Damit alle anderen am Produktlebenszyklus beteiligten Bereiche diese Daten für ihre Aufgaben verwenden können, bedarf es einer gemeinsamen makroökonomisch abgestimmten Datenbasis und eines Produkt-Management-Systems (PDM) als zentralem Bindeglied.

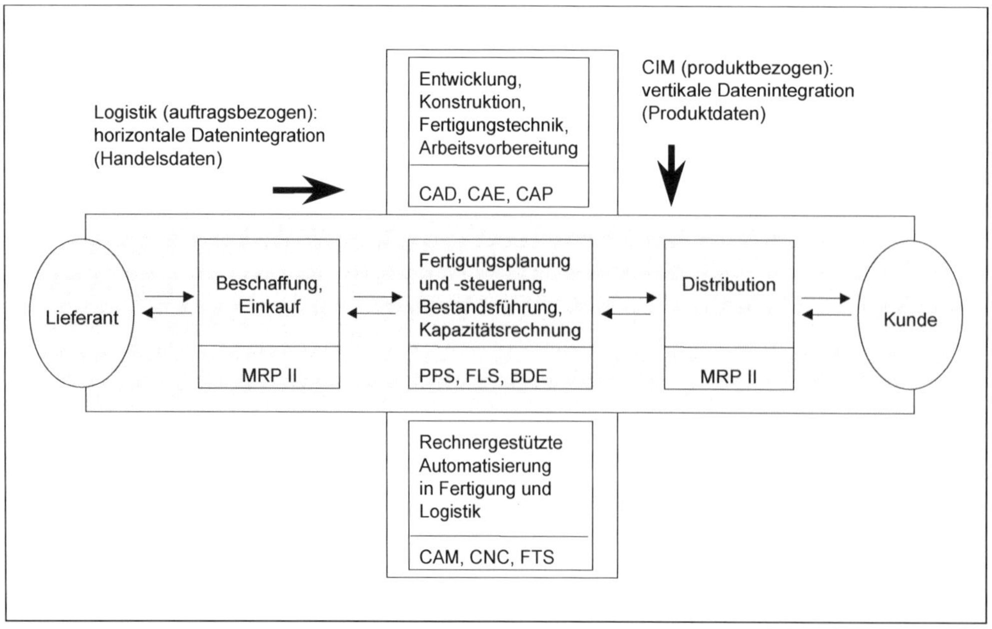

Bild 18: Logistik und CIM (Quelle: IFT-LL).

1.6.2 Modellbildung für Prozessketten

Informations-, Material- und Werteflüsse durchlaufen in der logistischen Prozesskette die Netzwerke einer logistischen Infrastruktur.

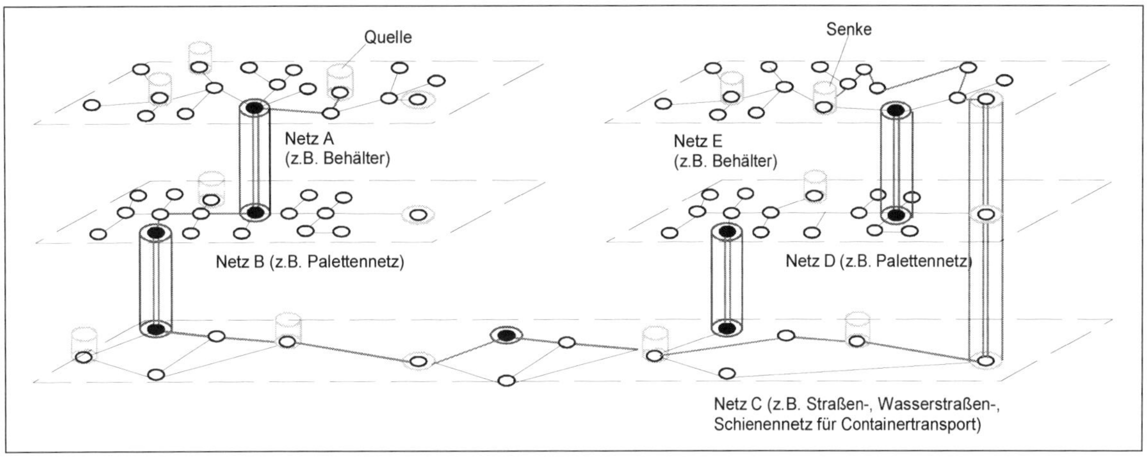

Bild 19: Netzmodell für den übergreifenden Materialfluss am Beispiel von Behältern (Quelle: Roos).

Die Netzwerke können in verschiedene Ebenen unterteilt werden, die untereinander durch Brücken (Schnittstellen zwischen Funktionsbereichen) verbunden sind. In diesen Brücken, die sich in der industriellen Praxis beispielsweise als Palettierstationen oder Verladerampen darstellen, findet eine Bündelung von Objekten, z.B. als ein Güterumschlag zwischen den Ebenen statt. So werden beispielsweise KLT auf Paletten gestapelt und diese später in einen Container oder Lkw verladen. In den Brücken findet somit eine Bündelung der Warenströme statt. Innerhalb der unterschiedlichen Ebenen werden die Güter entlang der Prozessketten transportiert, gehandhabt oder gelagert. Dies ist in folgendem Bild veranschaulicht.

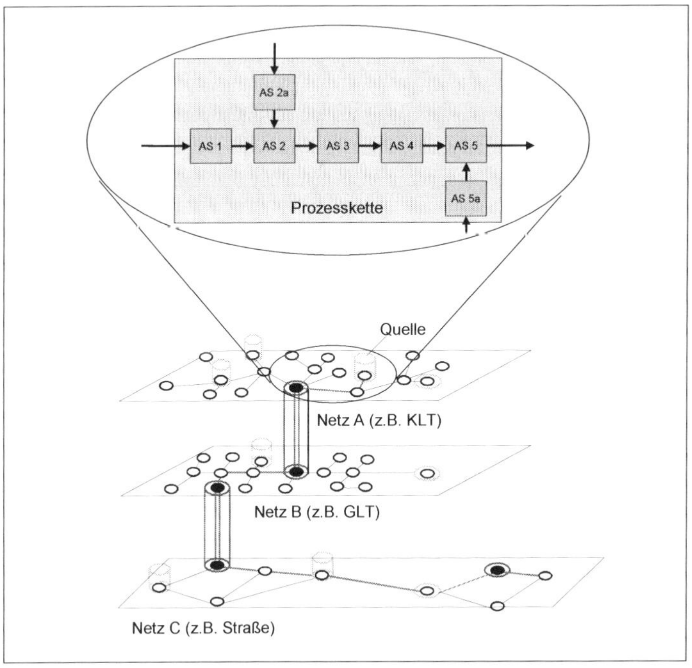

Bild 20: Die innerbetriebliche Prozesskette bildet das aktuelle Auslastungsmuster im Netzmodell der Produktionsinfrastruktur (Quelle: Roos).

Wie der Materialfluss, bewegt sich der Informationsfluss auch in Netzen in unterschiedlichen Ebenen. Beispielsweise findet ein Informationsfluss in den Netzebenen LAN, WAN und Internet statt. Deren Kommunikationsfähigkeit ist bei der Beachtung von Standards im Produzenten-, Zulieferer- und Kundennetzwerk gewährleistet.

Beispiele für Netzebenen im Informationsfluss	
Netzebene 1	LAN – Geschlossenes Informations-Netzwerk in einem Unternehmensbereich, z.B. eines Werkes
Netzebene 2	WAN – Geschlossenes Informations-Netzwerk in einem Unternehmensverbund, z.B. alle Werke eines Unternehmens mit Lieferanten
Netzebene 3 Weltweites Netz	Internet – Offenes weltweites Informations-Netzwerk

Tabelle 9: Beispiele für Netzebenen im Informationsfluss.

Für das E-Procurement existieren bereits abgestimmte, auf strukturierten Daten aufbauende Systeme. Diese können genutzt werden, um die Informationsflüsse in betriebsübergreifenden Netzwerken zu vereinfachen. Eine Auswahl solcher Systeme ist in folgendem Bild dargestellt, wobei für die Automobilindustrie RFID-Tags eingesetzt werden können.

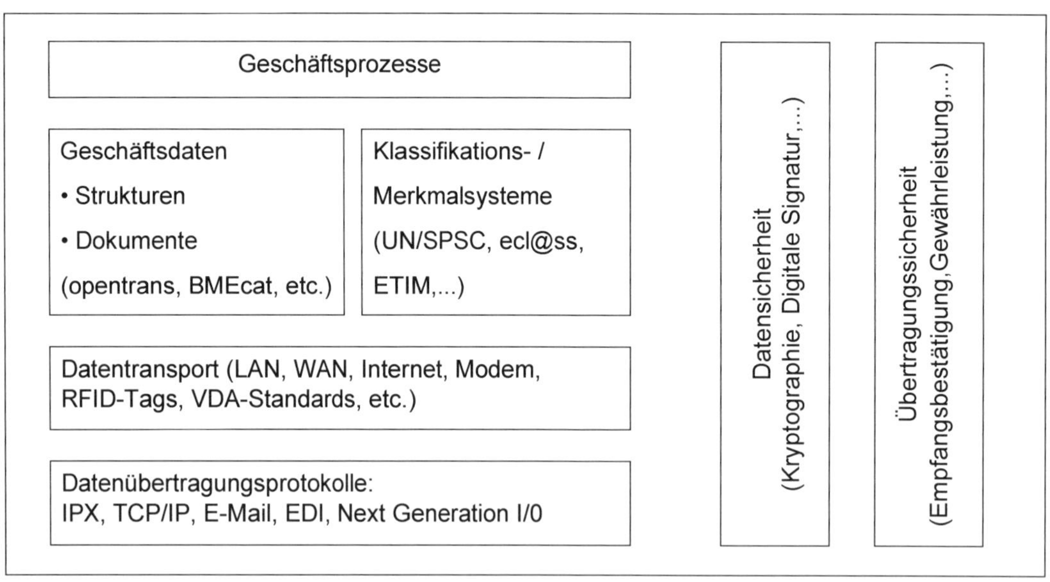

Bild 21: Informationsfluss als Teil des zwischenbetrieblichen E-Business (Quelle: Roos).

Die einzelnen Informations-Netzwerke sind durch Brücken (Gateway) miteinander verknüpft. Ein ebenenübergreifender Informationsfluss kann also nur durch diese Brücken stattfinden, womit diese in heutigen Informations-Netzwerken eine sicherheitsrelevante Position einnehmen.

Für den warenbegleitenden Informationsfluss in den verschiedenen LHM-Netzebenen sind zweckmäßigerweise verschiedene RFID-Systeme, d.h. also verschiedene Frequenzen vorzusehen. Die Zuordnung der Frequenzen zu den verschiedenen

Infrastrukturnetzen geschieht zweckmäßigerweise einheitlich in einer Branche auch unter Beachtung der in der Förder- und Handhabungstechnik erreichten Schreib-/Leseabstände, also z.B. den Spurführungskanal für Ladeeinheiten auf einem Fördermittel. Dies wird in den folgenden zwei Bildern nochmals verdeutlicht.

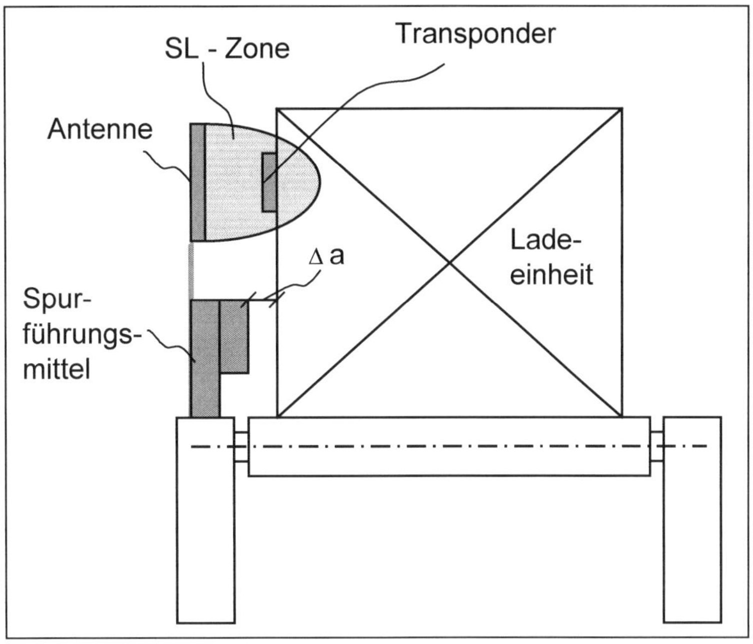

Bild 22: Schreib-/Leseabstand und Spurführungskanal an einem Fördermittel (Quelle: Roos).

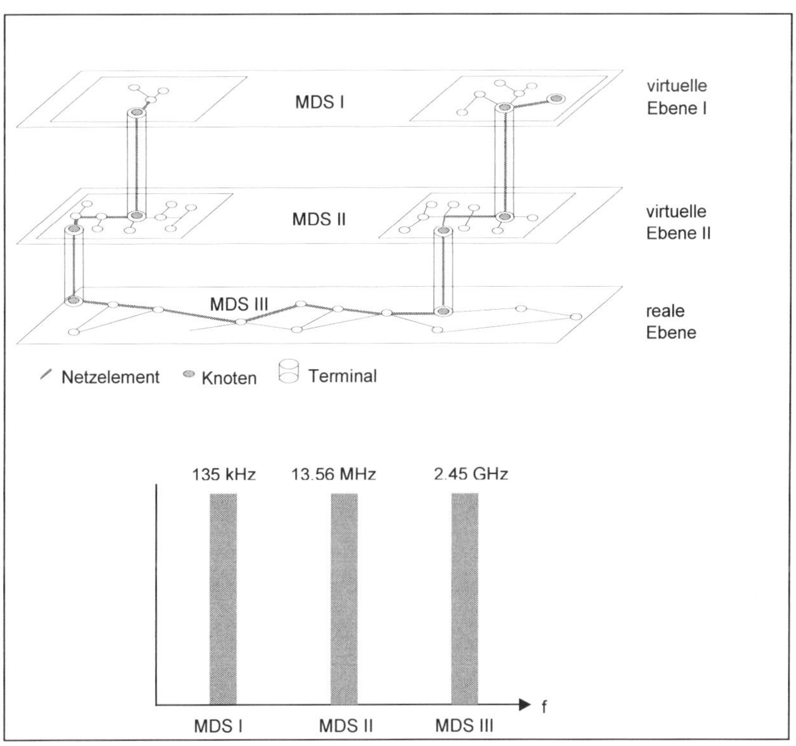

Bild 23: Netzstruktur der Logistik angewendet auf den Informationsfluss mit RFID (Quelle: Roos).

Bei Anwendung dieser Methodik findet bei Bündelung der Waren gleichzeitig eine Bündelung der Informationen statt. Somit werden die für die nächste Ebene relevanten Informationen übertragen.

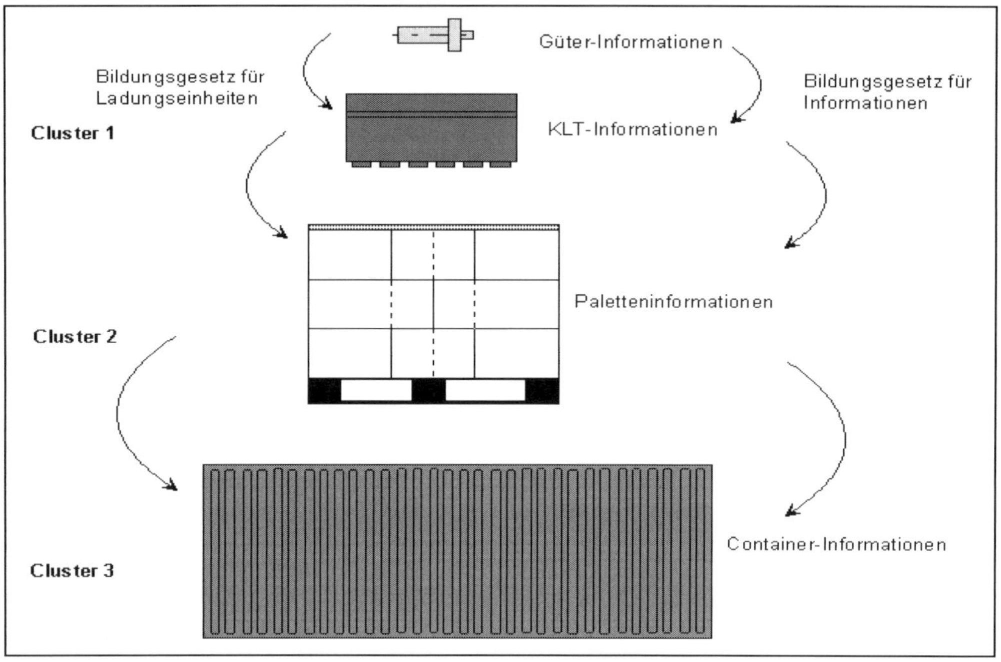

Bild 24: Bildungsgesetze für Informationen beim Netzübergang (Quelle: Roos).

1.6.3 Digitalisierung von Informationen für Transponder

Der Informationsfluss kann in einem Unternehmen unterteilt werden in eine Vorgabe-Ebene, die z.B. die Bereiche Entwicklung, Produktionsplanung und Auftragsabwicklung beinhaltet, und eine Ausführungsebene, in der z.B. die Fertigungssteuerung und Betriebsdatenerfassung beinhaltet sind (vgl. nachstehendes Bild 25). Zwischen den beiden Ebenen werden während der Auftragsbearbeitung mehrfach Daten übermittelt. Dies kann einfach durchgeführt werden, falls alle notwendigen Daten bereits digitalisiert sind.

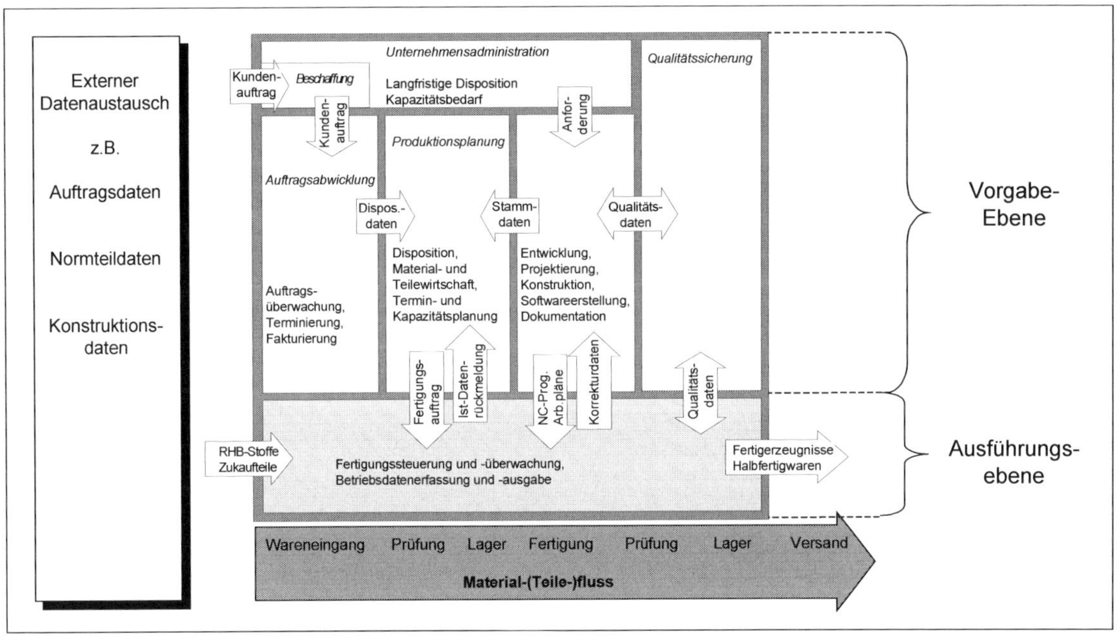

Bild 25: Datenfluss von Produktdaten (Auftragsdaten, Normteildaten und Konstruktionsdaten; Quelle: IFT-LL).

Im betrieblichen Umfeld der Automobilindustrie ist ein Großteil der Daten bisher noch nicht digitalisiert. Der Digitalisierungsgrad von Produkt- und Prozessdaten hängt hier wesentlich vom Automatisierungsgrad in der Prozesskette ab. Das heißt, je mehr manuelle Vorgänge in der Prozesskette ausgeführt werden, desto geringer ist gewöhnlich die Menge der digitalisierten Daten.

Derzeit kann davon ausgegangen werden, dass der Anteil dieser digitalisierten Daten in naher Zukunft drastisch ansteigen wird. Für diesen Fall sollten also vor Ort Einrichtungen (Terminals) zur Digitalisierung von Daten vorhanden sein.

Sind an diesen Terminals SLG angebunden, kann eine schnelle und einfache Übertragung der Daten auf den Transponder erfolgen. Diesen kommt somit eine Mittlerrolle zwischen der Vorgabe-Ebene (Planung) und der Ausführungsebene zu.

Abweichungen zwischen Vorgabe- und Ausführungsebene könnten damit leichter erfasst werden und die Erkenntnisse wiederum zur Optimierung der Abläufe in der Vorgabe-Ebene genutzt werden.

1.7 Modellbildung für den optimalen RFID - Einsatz in der Automobilindustrie

In einigen Unternehmen der Automobilindustrie beobachtete man in den letzten Jahren häufig einen Tendenzwechsel von Festcode (lesbar) zu variablen Code Systemen (schreib-/lesbar) oder umgekehrt. Tatsächlich ist die Entscheidung für eines der Systeme nicht einfach zu treffen, da die Vor- gegen die Nachteile für jeden Einsatzfall separat abgewogen werden.

1.7.1 Einsatzfeld von Transpondern

Im Idealfall sollte ein RFID System für alle Anwendungen und in der ganzen Prozesskette verwendet werden können, also sowohl für die Logistik als auch Produktion und Produktdokumentation. Die logistischen Prozesse gestalten sich dabei in der Automobilindustrie, wie im nachfolgend Bild dargestellt.

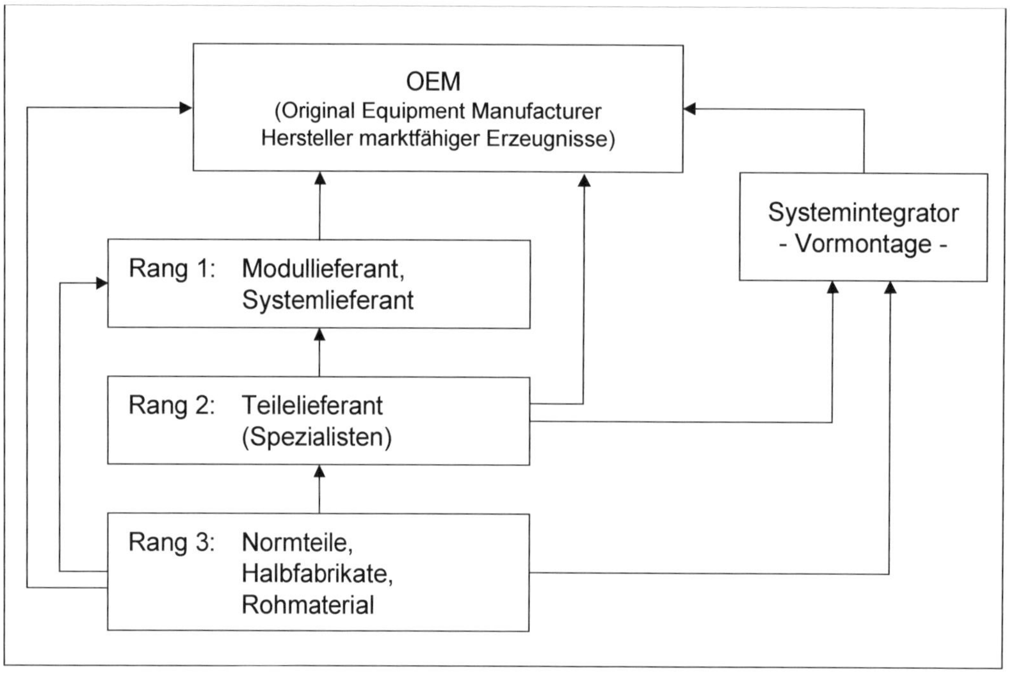

Bild 26: Lieferantenstruktur in einer Wertschöpfungskette (Quelle: Roos).

Verlaufen die Prozesse über Unternehmensgrenzen hinweg, ist eine dezentrale Datenhaltung und Steuerung des gesamten Prozesses mit schreib-/lesbaren Transpondern vorteilhaft, da die Daten im Wareneingang automatisch übertragen werden können. Eine nahezu 100 prozentige Datensicherheit ist aber zu gewährleisten; dies kann z.B. durch redundante Speicherung der wichtigsten Identifikationsmerkmale geschehen. Weitere Anforderungen solcher Systeme sind:

- Ausreichende S/L-Reichweiten
- Pulkerfassung und in jeder Umgebung
- Multi Tag Fähigkeit
- Möglichkeit der problemlose Anbindung der SLG an bestehende EDV

Durch eine Standardisierung der RFID-Systeme und die damit verbundenen Absatzmengen im Markt ist zu erwarten, dass diese Systeme zunehmend kostengünstiger werden.

1.7.2 Optimierungspotenziale der RFID Technik

Die Herstellung von Transpondern kann für passive Systeme in drei Bereiche eingeteilt werden:

1. Herstellung des Transponder Chip
2. Herstellung der Antenne (z.B. Antennedrucktechnik) und Integration aller Komponenten in ein Etikett oder Gehäuse
3. Software Herstellung

Im Bereich Chip Herstellung haben sich im Markt andere Firmen, oder Firmenbereiche etabliert, als für die Integration der Komponenten zum RFID System. Dies liegt in der kostenintensiven Produktionstechnik für die Chips begründet. Um eine wirtschaftliche Produktion der Chip durchführen zu können, müssen sehr große Stückzahlen gefertigt werden (z.B. > 1 Mio. Stück.).

Die RFID Systemintegratoren kaufen in der Regel dann die Chips ein und stellen mit diesen Komponenten die Transponder her, indem die Chips und die Antennen in ein Etikett oder ein Gehäuse zusammengeführt werden. Zur Komplettierung des Systems werden von diesen Firmen auch die SLG und eine Standardsoftware entwickelt. Weitere Beteiligte in diesem Feld sind aber auch die Anwender (Kunden), da ihre Anforderungsprofile und Vorstellungen im Lastenheft für die Entwicklung neuer Systeme eingehen.

Somit sind also in der Entwicklung von RFID Systemen bisher drei Gruppen beteiligt gewesen. Durch eine verbesserte Zusammenarbeit dieser drei Gruppen ist ein Optimierungspotenzial der RFID Technik für die Zukunft gegeben. Insbesondere ist eine Optimierung der Antennenkonstruktionen und der Antennenfelder nötig, z.B. durch eine gezielte Ausrichtung des Übertragungsfelds zwischen SLG und Transponder. Für eine verbesserte Datenübertragung (Reichweite) sind also optimierte Antennen zu entwickeln und die Konstruktionsmerkmale dieser (Bauform, Aufstellbedingungen der SLG, etc.) zu beschreiben. Bei Festlegung optimierter Aufstellbedingungen der SLG könnte somit die Richtfunktechnik für die Transponder angewendet werden.

Für aktive Systeme können unseres Erachtens durch Anwendung von Richtfunktechnikprinzipien ebenso Verbesserungen der Antennenkonstruktionen und damit der Schreib-/Lese -Reichweiten erreicht werden.

Es erscheint daher wichtig, einen Generalunternehmer als Systemintegrator zu gewinnen, um alle Möglichkeiten zur Optimierung zu nutzen.

1.7.3 Soll Konzept

1.7.3.1 Zielformulierung

Aus dem Netzmodell der Logistik, lässt sich beispielsweise folgendes Systemkonzept für RFID Systeme ableiten:

Damit sich die Systeme untereinander nicht beeinträchtigen, sollten für jede Netz- bzw. Transportebene unterschiedliche Übertragungsfrequenzen zum Einsatz kommen. Insgesamt könnte somit eine Aufteilung vorgesehen werden, wie sie in folgender Tabelle dargestellt ist:

Aufteilung der Frequenzbänder	
125 / 135 kHz	Transportebene I
13,56 MHz	Transportebene II
2,45 GHz (opt. 868 MHz)	Transportebene III

Tabelle 10: Aufteilung der Frequenzbänder (Quelle: Roos).

Zwischen den Partnern einer Wertschöpfungskette herrscht selbstverständlich freie Wahlmöglichkeit der Frequenzbänder – dem Charakter der Infrastruktur mit höchster Flexibilität entspricht natürlich eine brancheneinheitliche Standardisierung.

1.7.3.2 Bestimmung der S/L-Anordnung im Einsatzfall

Für den Einsatzfall sollten Vorgaben für ein Vermessen des Übertragungsfelds (Schreib-/Lesekeulen) vor Ort gemacht werden, damit eine sichere Informationsübertragung zwischen SLG und Transponder gewährleistet werden kann. Die Vorgaben sollten mindestens die in folgender Tabelle aufgeführten Vorgaben beinhalten.

SOLL Konzept – Messung zur Ermittlung der optimalen S/L Anordnung	
Angaben über	Beispiele
Messmittel und/oder -vorrichtung	z.B. Typ, Einstellparameter, etc.
Messgröße	z.B. Feldstärke, unterer Grenzwert, etc.
Messanordnung	z.B. Abstände, Richtungen, etc.
Störgrößen	z.B. Art der Störungen und zu erwartende Häufigkeiten etc.
Ergebnisdokumentierung	z.B. Protokoll, Anbringung o.k.?, etc.

Tabelle 11: Messung der S/L-Anordnung (Quelle: Roos).

Insbesondere können damit die optimalen Anbringungsorte der SLG im Arbeitsraum bestimmt werden. Hier könnten sich beim Einsatz von Mehrfachantennen sonst unerwünschte Überschneidungen der Antennenfelder ergeben, die für jeden Einsatzfall individuell verschieden sind und zu Störungen aus Superpositionen führen können. Ebenso sind im SLG Antennenfeld Bereiche festzustellen, in denen die Feldstärke für eine Übertragung zu gering ist. Auch diese, individuell unterschiedlichen Bereiche sollten dem Anwender genau bekannt sein.

Mit einer solchen Messeinrichtung sollten auch Feldstärkemessungen durchgeführt werden können, um damit die Einhaltung der Vorschriften (vgl. nachstehendes Bild) zu gewährleisten.

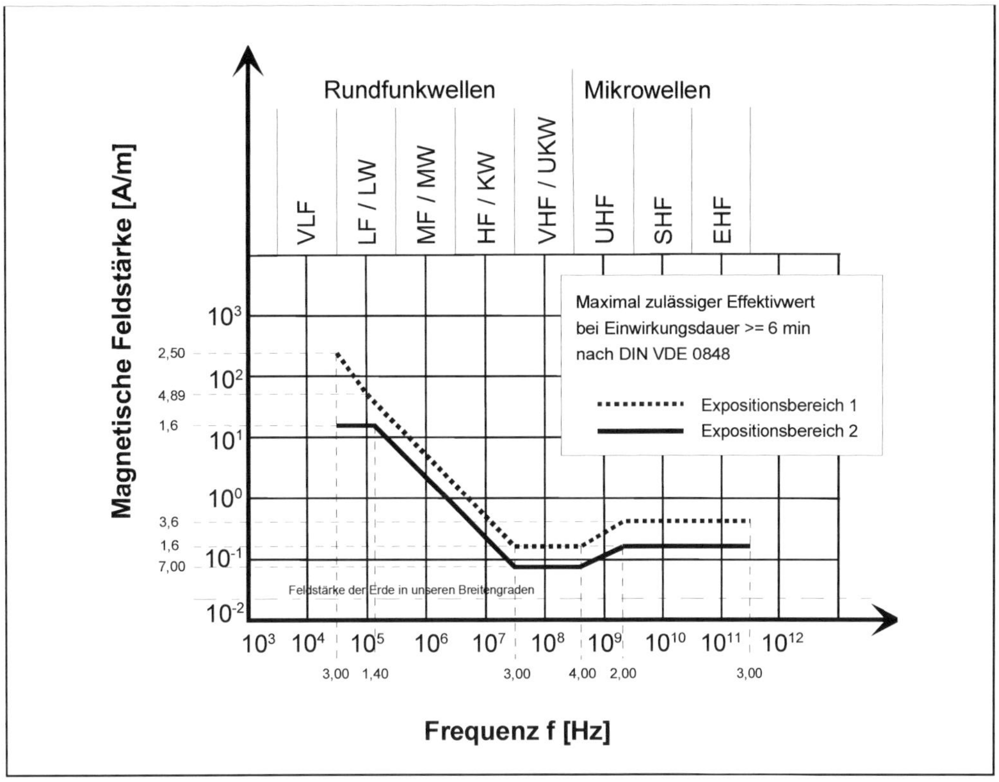

Bild 27: Maximal zulässige magnetische Feldstärke (nach DIN VDE 0848).

1.7.3.3 Anordnung der Datenträger

Um eine sichere Datenübertragung zu gewährleisten, sind Festlegungen für den Anbringungsort des Transponders am Ladungsträger notwendig.

Im Bereich der KLT könnten die bisher vorgesehenen Anbringungsorte (z.B. Kartentaschen) genutzt werden. In diesem Falle wären keine Änderungen bestehender Richtlinien und Vorgaben nötig. Andernfalls müssten die Prozessabläufe im Einzelfall überprüft und ggf. geändert werden.

An GLT und Containern sind die Anbringungsorte individuell zu beschreiben. Die Anbringung kann an den Seiten des LHM oder an der Unterseite geschehen. Auch hier könnten die bisher vorgesehenen Anbringungsorte, falls vorhanden, genutzt werden.

Die Anbringung des Transponders am Ladungsträger sollte aber nicht ausschließlich auf den Bereich der Kartentasche begrenzt sein, da sich hierbei sehr ungünstige Überdeckungen der Übertragungsfelder der Transponder ergeben könnten und diese dann zu einer Unterbrechung der Datenübertragung zwischen SLG und Transponder führen könnten. Für diesen Fall wäre daher eine versetzte, asymmetrische Anordnung der Transponder am Ladungsträger vorzusehen, die empirisch ermittelt werden muss und die Überlappung der Antennen bei jeder Stapelart ausschließt.

In allen Fällen sollten die Transponder fest mit dem LHM verbunden werden (z.B. geschraubt, genietet, geklebt). Die Verbindung sollte derart ausgeführt sein, dass sie nur erschwert gelöst werden kann, um eine sicherere Identifizierung des Ladungsträgers zu gewährleisten (Sicherung gegen unbefugtes Abmontieren des Transponders und Fälschung der LHM).

1.7.3.4 Informationsstruktur auf dem Datenträger

Prinzipiell gilt, dass die Aktualität der gespeicherten Informationen und die Eindeutigkeit sicherzustellen sind. Die Informationsstruktur ist im weiteren derart zu gestalten, dass eine sichere Datenübertragung während der kurzen Expositionszeit des Transponders im Schreib-/Lesefeld der Antenne gewährleistet ist.

Bei passiven Systemen mit geringer Datenübertragungsrate kann dies z.B. durch Anordnung der Daten in bestimmten Speicherbereichen geschehen (feste, adressorientierte Datenstruktur).

Bei aktiven Systemen sind die Datenübertragungsraten als ausreichend für eine flexible, fileorientierte Datenstruktur anzusehen.

1.7.3.5 Sicherungssysteme gegen LHM Fälschungen

In den letzten Jahren tritt in der europäischen Wirtschaft verstärkt das Problem von gefälschten LHM auf, die nicht den Sicherheitsvorschriften entsprechen. Da die Kennzeichnungssysteme für die LHM (z.B. Güte- und Prüfzeichen) ebenso gefälscht werden, ist es in der betrieblichen Praxis besonders schwierig, die gefälschten von den „echten" LHM zu unterscheiden.

Unseres Erachtens kann hier durch die Kombination verschiedener Identifikations- und Kennzeichnungssysteme am LHM Abhilfe geschaffen werden. So könnten die LHM versehen werden mit Systemen, die sowohl

- Transpondertechnik,
- Etikettentechnik,
- Hologrammtechnik
- u.a.

enthalten. Solche Systeme sollten aufeinander abgestimmt sein, so dass z.B. die ID-Nummer des Transponders auch auf dem Etikett und dem Hologramm enthalten ist. Bei Einsatz solcher Systeme, welche ja die Transpondertechnik enthalten, ist im Bedarfsfall auch die Möglichkeit der Rückverfolgung des LHM (Ermittlung der Durchlaufstationen des LHM) gegeben.

1.8 Entscheidung über Standardisierungsvorhaben (Besprechung 17.12.2001 in Karlsruhe)

In der VDA Projektleitungssitzung am 17.12.2001 in Karlsruhe wurden folgende Punkte beschlossen:

Die Frequenzbänder 125/135 kHz, 13,56 MHz (ISO 15693) und 2,45 GHz sollen in die Empfehlung eingehen.

Das Frequenzband 868 MHz wird als verbreitete Erscheinung im Markt erkannt, für welche die Standardisierungsbestrebungen für den europäischen und nordamerikanischen Raum bereits weit fortgeschritten sind (nationale, lokale Standards). Ein weltweiter Einsatz ist aber nicht absehbar, da insbesondere im asiatischen Raum (z.B. Japan) eine Standardisierung durch Freigabe der Frequenzbänder schwer durchzuführen ist.

2 Teil II: Lasten-/ Pflichtenheft für die Automobilindustrie

2.1 Lasten-/ Pflichtenheft für VDA RFID / Anforderungsprofil

2.1.1 Applikation des Transponders am Behälter

Sind ferromagnetische Materialien und Reflektoren in unmittelbarer Nähe der Transponder Antenne angebracht, wird die Wellenausbreitung und damit die Datenübertragung zwischen Transponder und SLG gestört.

Eine Möglichkeit Abhilfe zu schaffen besteht darin, einen Abstand zwischen Transponder und dem metallischen Werkstoff zu schaffen (z.B. ≥ ½ λ), um Löschungen im elektromagnetischen Feld zu vermeiden.

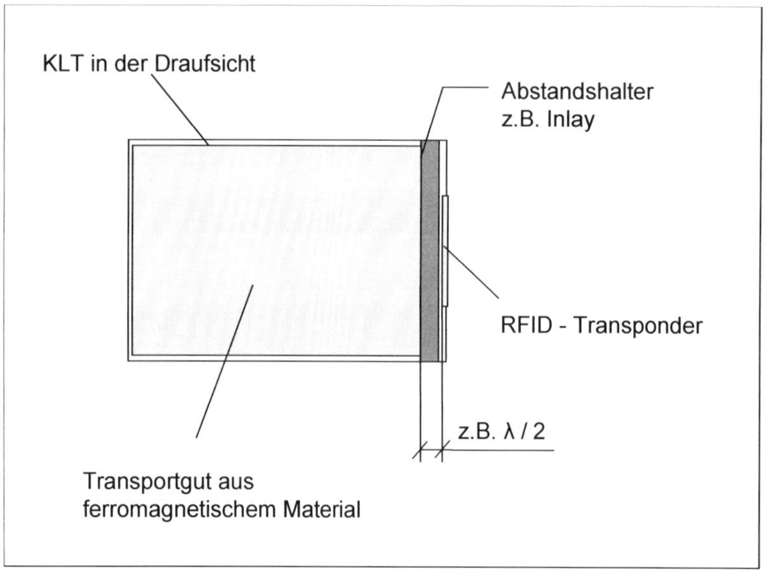

Bild 28: Schematische Darstellung des Einsatzes von Inlays für den Einsatz von RFID Transpondern an mit ferromagnetische Produkten befüllten KLT (Quelle: Roos).

Da die Außenmaße des LT durch die Modulordnung in der Transportkette festgelegt sind, könnten z.B. im Bereich der KLT bei metallischen Werkstoffen einfache Inlays (z.B. Distanzplatten mit geringer Verkleinerung des Nutzvolumens) verwendet werden, die diesen Abstand zum Transponder gewährleisten. Für diesen Fall ist Steuerung der Inlays in der Leergutrückführung vorzusehen, da beim Einsatz von Einwegsystemen hohe Kosten entstehen.

Eine weitere Möglichkeit besteht darin eine Schicht aus hochpermeablen Ferrit[1] zwischen Transponder Antenne und metallischer Oberfläche einzubringen (vgl. hierzu Finkenzeller, 1998 S.76).

Für GLT und Container werden in der Regel aktive Transponder eingesetzt. Bei diesen kann durch das Transpondergehäuse die Antenne von metallischen Oberflächen abgesetzt werden.

2.1.1.1 KLT

Für KLT könnte die Anbringung im Bereich der vorhandenen Kartentasche geschehen, da dadurch die notwendigen Änderungen in den Prozessabläufen minimiert werden können. Auch besteht der Vorteil, dass vorhandene Empfehlungen, Normen und Richtlinien ohne Änderungen weiter angewendet werden können.

Eine Anbringung des Transponders am KLT kann z.B. mit Hilfe eines verliersicheren Kartentascheneinschubs erfolgen. Ein Verkleben des Transponders im Bereich der Kartentasche ist prinzipiell ebenso möglich, stellt sich aber wegen der Verrippung von KLT im Bereich der Kartentasche unter Umständen problematisch dar.

Wie bereits im Kapitel 1.7.3.3 beschrieben, sollte die Anbringung des Transponders am KLT aber nicht ausschließlich auf den Bereich der Kartentasche begrenzt sein, um eventuelle, ungünstige Überdeckungen der Übertragungsfelder der Transponder zu vermeiden.

Die Randbedingungen für den Applikationsort am KLT sind somit im einzelnen:

- Verliersichere Anbringung, z.B. im Bereich der Kartentasche.
- Versetzte, asymmetrische Anordnung der Transponder am KLT bei eventueller Überlappung der einzelnen Transponderantennen im KLT Stapel.
- Einfache nachträgliche Ausrüstung und geringe Kosten der Anbringung.
- Gute Lesbarkeit des Transponders auch ohne direkten Sichtkontakt.
- Sicherheit des Transponders vor Beschädigungen durch Gabeln oder sonstige Förder-, Lager-, Umschlags-, Transport- oder Handhabungstechnik.
- Widerstandsfähigkeit des Transponders in Behälterwaschanlagen.

2.1.1.2 GLT und Spezialbehälter

Für GLT und Spezialbehälter ist der Anbringungsort des Transponders individuell zu prüfen. Die Anbringung könnte an der GLT Außenseite ebenso im Bereich der vorhandenen Kartentaschen / Klemmbrettern erfolgen. Eine Anbringung im Bodenbereich des GLT kann bei entsprechender Anforderung ebenso durchgeführt

[1] Ein Ferrit ist ein Metall-Eisenoxid (z.B. Fe_2O_3), das oft ein magnetisches Verhalten (hohe Permeabilität) analog dem von Eisen aufweist, jedoch kein Leiter für elektrische Ströme ist.

werden. Weitergehende, allgemein gültige Empfehlung für eine Anbringung sind hier kaum möglich. Die Randbedingungen für den Applikationsort sind:

- Gute Erreichbarkeit des Verbauungsortes bei nachträglicher Ausrüstung.
- Versetzte, asymmetrische Anordnung der Transponder am GLT im Stapel.
- Gute Lesbarkeit des Transponders aus verschiedenen Lagen.
- Sicherheit des Transponders vor Beschädigungen durch den Gabelstapler oder sonstige Förder-, Lager-, Umschlags-, Transport- oder Handhabungstechnik.
- Geringe Kosten der Anbringung. Zu berücksichtigen ist hier, dass auch die nachträgliche Anbringung kostengünstig bewerkstelligt werden soll.

Die Befestigung des Transponders am GLT soll fest und reversibel erfolgen. Dies kann z.B. durch Nieten geschehen. Verschraubte Transponder könnten hingegen leichter abmontiert werden. In diesem Fall wäre die eindeutige Identifizierung des GLT nicht mehr einfach möglich.

2.1.1.3 Container und Lkw

An Lkw-Aufbauten und Containern empfiehlt sich die Anbringung an der Fahrzeugseite und/oder an der Rückseite. Bei der Anbringung von Transpondern an Lkw-Aufbauten und Containern gelten folgende Randbedingungen:

- Die Anordnung sollte so gewählt sein, dass eine Datenübertragung während einer langsamen Durchfahrt durch ein Werkstor prinzipiell möglich ist (freie Sichtverbindung zwischen SLG und Transponder, ausreichende Schreib-/Lesereichweite, etc.).
- Der Transponder sollte vor mechanischen Beschädigungen, die z.B. während der Be- und Entladung mit Gabelstapler auftreten könnten, geschützt sein.
- Um eine Zollabwicklung im internationalen Transport durchführen zu können, muss sich der Fahrer räumlich vom Lkw und damit vom Container entfernen (vgl. Friess 2000). Dies erfordert einen abnehmbaren Transponder am Container.

Zum derzeitigen Standpunkt werden für Lkw-Aufbauten und Container aktive, schreib-/lesbare Transponder mit einer ausreichenden Schreib-/Lesereichweite (z.B. > 3 m) benutzt.

2.1.2 Belastung der Transponder in der Automobilbranche

2.1.2.1 Zulässige mechanische und thermische Belastungen

Sämtliche, innerhalb der Transportkette auftretenden Belastungen müssen vom Transponder ertragen werden können (z.B. Pufferstoß bei der Deutschen Bahn (Lastannahme 4g) oder vertikale Stöße während des Transports auf einer unsachgemäß ausgelegten Förderbahn mit einem experimentell ermittelten Wert von 4g bzw. Stoß auf einem LKW-Anhänger bis zu 20g).

Der Transponder sollte nach dieser Abschätzung eine Stoßbelastung von 20g in allen Raumachsen ertragen können.

Die Transponder sollen ohne Einschränkungen ihrer Funktionalität im folgenden Temperaturbereich einsetzbar sein:

- 45 °C bis + 95 °C

Für Anwendungen in höheren Temperaturbereichen, z.B. in Lackieranlagen mit Temperaturen bis zu 280°C, können besonders verkapselte, spezialisierte Transponder verwendet werden.

2.1.2.2 Zulässige elektromagnetische Störbelastung

Für die elektromagnetische Störstrahlung sind die einschlägigen Normen, Richtlinien und Regelwerke (vgl. Anhang) zu beachten.

Die Störbelastung wird vor Inbetriebnahme der RFID Systeme vor Ort mit geeigneten Messapparaturen gemessen, um damit eine sichere Datenübertragung zu gewährleisten.

2.1.2.3 Umgebungsbedingungen, Feuchtigkeit und chemische Einflüsse

Sämtliche, innerhalb der Transportkette auftretenden Umgebungs- und Feuchtigkeitsbelastungen sowie die chemischen Belastungen müssen vom Transponder ertragen werden können. Er muss also so isoliert sein, dass Feuchte, saurer Regen und Waschlauge keinen Einfluss auf die Funktion gewinnen.

Insbesondere durch die Anforderungen des Materialkreislaufs mit Lagerung und Transport im Freien unterliegt der Transponder neben der mechanischen Belastung auch oft einer überlagerten Belastung durch Temperatur- und Feuchtigkeitseinflüsse sowie der natürlichen Strahlung (UV-Strahlung), die zu ertragen sind.

Neben der normalen Luftfeuchtigkeit wirken veränderte Feuchtigkeitswerte während Lagerung und dem Transport im Freien sowie beim Waschen von Behältern (Druck 2,5 bis 4 bar). Bei diesen Waschdrücken muss der Transponder noch wasserdicht sein.

Im Rahmen des Materialkreislaufs können z.B. innerhalb der Fertigung und Montage auch chemische Einflüsse auf den Transponder einwirken. Der Waschvorgang von KLT stellt z.B. eine Überlagerung chemischer, thermischer, und mechanischer Beanspruchung dar. In den bekannten Behälterwaschanlagen werden folgende Substanzen verwendet:

- Neutralreiniger (Lever)
- nicht schäumender Alkalireiniger
- Waschlauge (PH-Wert 11).

Der Transponder hat diese chemischen Belastungen ohne Einschränkung seiner Funktionalität zu ertragen.

2.1.3 Dateninhalte, Struktur, Sicherheit

2.1.3.1 Dateninhalte / Datenmenge

2.1.3.1.1 Passive Systeme

Passive Transponder können als read only oder als read/write Systeme ausgeführt sein. Als read only System verfügen sie nur über die eindeutige Transponder Identifikationsnummer. Als read/write System verfügen sie darüber hinaus über einen variablen Datenspeicherbereich, dessen Mindestgröße noch festzulegen ist (z.B. von der VDA Arbeitsgruppe Transponder).

2.1.3.1.2 Aktive Systeme

Aktive Transponder weisen als read write Systeme in der Regel einen deutlich größeren Datenspeicher auf (z.B. 8 kByte). Der Datenspeicher sollte durch eine Standardisierungsempfehlung nach oben nicht begrenzt werden, so dass Transponder mit größeren Speichern (Weiterentwicklungen) dann bei stabiler Schreib-/Leseposition ohne Probleme verwendet werden können.

2.1.3.2 Datenstruktur, Datenorganisation

2.1.3.2.1 Passive Systeme

Die Datenorganisation bei passiven Systemen ist adressorientiert mit wahlfreiem Bit/ Byte Zugriff. Die Vorteile liegen bei adressorientierten Speicherbereichen darin begründet, dass der Datenzugriff schneller bewerkstelligt werden kann. Zudem kann der knappe Speicher besser ausgenutzt werden, da für die Datenverwaltung auf dem Speicherchip kein zusätzlicher Speicher benötigt wird, wie es z.B. bei fileorientierten Datenstrukturen der Fall ist (vgl. IFT-LL-FB-12-01, IFT-LL-FB-12-02 und Diss. Friess 2000).

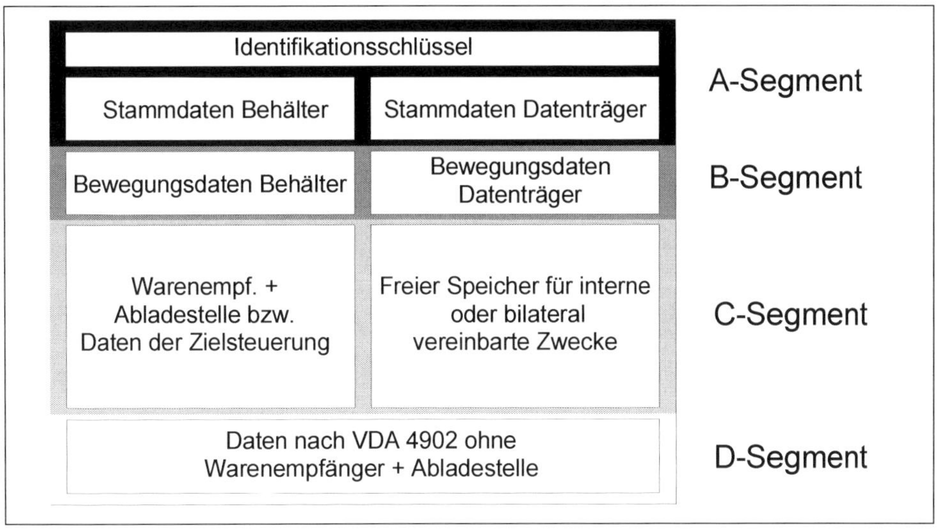

Bild 29: Fixformat für passive RFID Systeme (Quelle: Roos, Friess).

Bei passiven Systemen kann aber auch eine Information über die Datenstruktur des Transponders z.B. als ein Byte in einer festen Adresse abgelegt werden. Damit könnte dann eine fileorientierte Struktur simuliert werden und eine flexiblere Nutzung des begrenzten Speicherplatzes wäre möglich (Abwandlung der Standardisierungsempfehlung).

2.1.3.2.2 Aktive Systeme

Für aktive Systeme ist eine fileorientierte Datenorganisation vorzusehen, da damit die größtmögliche Flexibilität gewährleistet werden kann. Der frei nutzbare Speicherbereich ist dabei unterteilt in einen Bereich für „Online Systeme" (mit der Möglichkeit eines schnellen Zugriffs) und einen Bereich für den freien, fileorientierten Datenzugriff (vgl. nachstehendes Bild). Weitere Vorabunterteilungen des Datenspeichers, die innerhalb dieser Empfehlung berücksichtigt werden sollten, sind nicht nötig.

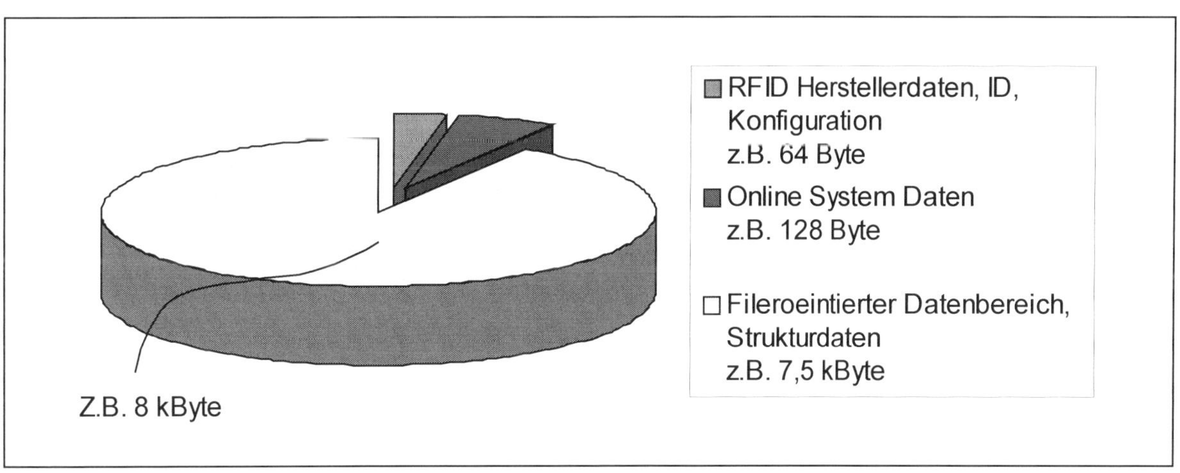

Bild 30: Fileorientierte Datenstruktur für aktive RFID Systeme (Quelle: Pelich).

Wird bei obiger Datenorganisation ein DOS 8 + 3 Filesystem verwendet, die zudem nur eine Unterebene mit den üblichen Attributen zu (schreibgeschützt, versteckt, komprimiert, Archiv, System) zulässt, kann eine flexible, effiziente Datenstruktur dargestellt werden.

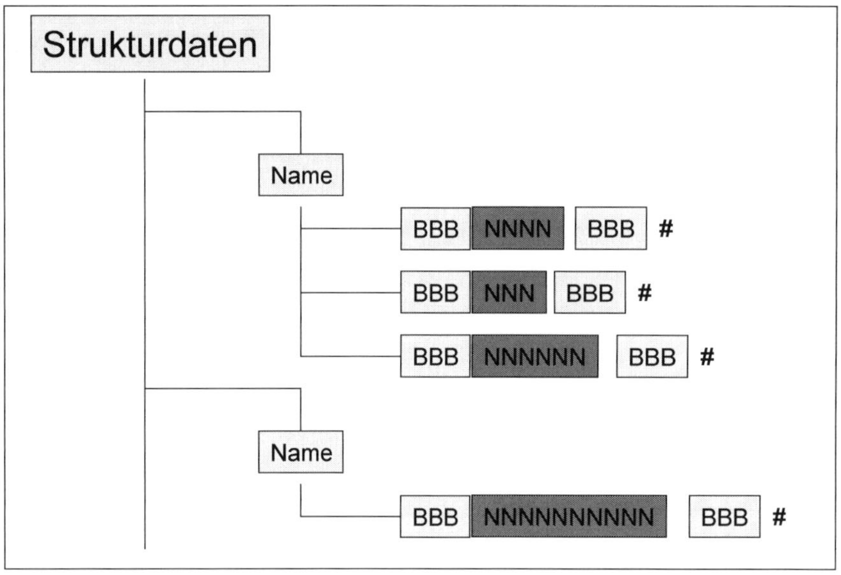

Bild 31: Syntax von Nachrichten: Filestrukturen (Quelle: Roos).

Dabei besteht auch die Möglichkeit von vornherein durch den Dateinamen und die Extension (Dateierweiterung) bestimmte Informationen/Dateninhalte zu strukturieren und zu reservieren, wie in den nachstehenden Beispielen dargestellt.

Der Datensatz des warenbegleitenden Datenträgers nach VDA 4902 könnte durch ein File namens „VDA4902.vda" reserviert werden. Würde der Datensatz also auf dem aktiven Transponder gespeichert, sind die zugehörigen Transportdaten alle unter dem obigen Filenamen abrufbar. Wird der VDA 4902 Datensatz in einer bestimmten Prozesskette nicht benötigt, so ist kein spezieller Speicherbereich (Adressbereich) für diesen Datensatz reserviert und andere Anwendungen können diesen Speicherbereich nutzen.

Der Dateiname VDA4902.vda ist also fest reserviert für den Datensatz des bisherigen, warenbegleitenden, papiergestützten Datenträgers nach VDA 4902 und Variationen sind sogar auch möglich, indem etwa noch ein Buchstabe an den Filenamen angehängt wird (etwa VDA4902A.vda).

2.1.3.3 Sicherheit

Die Möglichkeit der Sicherung einzelner Daten vor unbefugten Zugriff sollte sowohl bei passiven als auch bei aktiven Systemen gegeben sein. Zumindest muss hier aber Klarheit darüber geschaffen werden, wie gesicherte Transponder, für die das Passwort verloren gegangen ist, wieder in den Nutzungskreis zurückgeführt werden können (z.B. Möglichkeit eines exzeptionellen Reset des Transponders).

2.1.3.3.1 Hardware

2.1.3.3.1.1 Aktive Systeme

Bei aktiven Systemen kann die Sicherheit gegen unbefugten Datenzugriff im Bedarfsfall durch entsprechende Software erreicht werden. Hardwarebasierte Sicherheitssysteme sind daher im Bereich der aktiven Systeme nicht vorzusehen.

Die betriebsübergreifende Nutzung von Sicherheitsmechanismen sollte nicht Gegenstand einer Standardisierungsempfehlung sein. Für die zwischenbetriebliche Nutzung von Sicherheitsmechanismen (z.B. Verschlüsselung) sind daher bilaterale Absprachen zwischen den Unternehmen zu empfehlen.

2.1.3.3.1.2 Passive Systeme

Die Datenorganisation/ Datenstruktur wird in diesem Bereich adressorientiert durchgeführt. Auf dem Markt sind hier bereits Speicherchips verfügbar, die einen Hardwareschutz gegen unbefugten Datenzugriff beinhalten. Diese Möglichkeiten können im Bedarfsfalle genutzt werden, ebenso wie die Möglichkeiten durch Verschlüsselungssoftware.

Für die zwischenbetriebliche Nutzung von Sicherheitsmechanismen (z.B. Verschlüsselung) sind auch hier bilaterale Absprachen zwischen den Unternehmen zu empfehlen.

2.1.3.3.2 Software

Sollte Verschlüsselungssoftware im Rahmen einer VDA Empfehlung für aktive oder passive RFID Systeme in Betracht gezogen werden, sind weitergehende Untersuchungen in der Arbeitsgruppe Transponder nötig. Für diesen Fall wäre das Einbeziehen eines Spezialisten (Datenschützer) angeraten.

Insbesondere muss die Frage der RESET Fähigkeit eines geschützten Transponders geklärt werden. Diese Problematik stellt sich aus folgenden Perspektiven dar:

1. Wird ein geschützter Transponder nicht resetfähig ausgeführt, kann der Transponder ohne zugehöriges Passwort nicht gelöscht und auch nicht weiter verwendet werden. Wird also innerhalb der Prozesskette ein Passwort nicht oder nur unvollständig übermittelt, können zum einen die Daten nicht mehr ausgelesen werden und der Transponder kann zudem nicht weiter eingesetzt werden. Insbesondere beim Leergutrücktransport (der Ladungsträger) sind aus jetziger Sicht Fehler in der Passwort Dokumentierungen und Übertragung zu erwarten.

2. Wird ein Transponder resetfähig ausgeführt, sind die auf dem Transponder gespeicherten Daten nicht hundertprozentig gegen unbefugten Zugriff geschützt, da zumindest ein Löschen der Daten durchgeführt werden kann.

Eine Alternative könnte hierbei sein, spezielle SLG vorzusehen, welche ein Reset durchführen können. Ebenso ist denkbar einen nicht öffentlichen Universalschlüssel

(Passwort) vorzusehen, mit dem ein Reset des Transponders durchgeführt werden kann. Beide Alternativen sollten in der Arbeitsgruppe unter Einbeziehung eines Sicherheitsexperten abschließend diskutiert werden.

2.1.3.4 Erweiterung der Datenstruktur mit Zusatzservices

Ein Transponder kann vorteilhaft als Ersatz für die vorhandenen Karten in Kanban Nachschubsystemen eingesetzt werden.

Bei passiven Systemen können bestimmte Speicherbereiche für eine Kanban Anwendung festgelegt/vorgesehen werden. Bei aktiven RFID Systemen besteht die Möglichkeit, eine entsprechende Datei zu verwenden (z.B. Kanban.dis).

Weitere, firmenspezifisch benötigte Zusatzservices sind unter Nutzung der variablen Speicherbereiche der passiven und aktiven Transponder möglich (Gebrauchsmuster GFL).

2.1.4 Datenübertragung in der Luftstrecke

2.1.4.1 Frequenzen

2.1.4.1.1 Passive RFID Systeme

Für passive RFID Systeme werden folgende Frequenzen empfohlen:

f_1 = 125 kHz bzw. 135kHz (z.B. für die Produktkennzeichnung),

f_2 = 13,56 MHz (für die KLT Kennzeichnung),

f_3 = 2,45 GHz (für die GLT und Container Kennzeichnung) und

optional f_4 = 868 MHz (für die GLT und Container Kennzeichnung).

Bei passiven Systemen im 125/135 kHz und 13,56 MHz Bereich ist ein ausreichender Abstand der Antenne zu metallischen Gegenständen (z.B. λ /2) sicherzustellen. Dies kann bei KLT z.B. mit einem Abstandshalter bewerkstelligt werden (einfaches KLT – Inlay, z.B. als Abstandsplatte ausgeführt, vgl. hierzu Bild 28).

In nächster Zeit sind im weiteren passive, schreib-/lesbare Transponder im Frequenzbereich 868 MHz zu erwarten, die – nach bisher ungeprüften Aussagen der Hersteller – eine Schreib-/Lesereichweite von etwa 2 bis 4 m haben sollen.

Seit kurzem sind im Markt passive Systeme im Bereich 868 MHz und 2,45 GHz verfügbar, die auf der Technologie der OFW (Oberflächenwelle) aufbauen. Bei dieser Technologie wird die elektromagnetische Welle, die das SLG aussendet, im Transponder Chip zuerst in eine mechanischen Welle (Schallwelle) gewandelt (z.B. mit einem Piezo-Wandler). Die mechanische Welle durchläuft den Transponder Chip und wird dabei individuell verändert und zum Piezo-Wandler zurückreflektiert, der die veränderte mechanische Welle wieder in eine elektromagnetische Welle umsetzt. Das veränderte Signal wird dann an das SLG zurückgesendet und vom SLG als eindeutige Identifikationsnummer des Transponders interpretiert. Es ist ersichtlich, dass die interne Struktur solcher Transponder Chips nach der Herstellung nicht mehr verändert werden kann. Solche Systeme sind somit Fixcode Systeme. Laut Aussagen von RFID Herstellern beträgt das Verhältnis zwischen der vom SLG abgestrahlten Leistung zu der vom Transponder abgestrahlten Leistung etwa 1000:1.

2.1.4.1.2 Aktive RFID Systeme

Aktive Transponder im Bereich 125/135kHz und 13,56 MHz werden nicht entwickelt, da das Funktionsprinzip auf der induktiven Kopplung zwischen Transponder und SLG basiert.

Als Frequenzband für aktive RFID Systeme werden folgende empfohlen:

f_3 = 2,45 GHz (weltweiter Einsatz) und

f_4 = 868 MHz für den lokalen Einsatz in Deutschland und Mitteleuropa. Nach Herstelleraussage sind diese Systeme (868 MHz) bei geringer Sendeleistung oder leicht abgewandelter Frequenz (915 MHz) ebenso in Nord- und Südamerika einsetzbar.

2.1.4.2 Datenübertragungsgeschwindigkeiten

Passive Systeme sollten Datenübertragungsraten von mindestens 2400 Baud (9600 Baud empfohlen) und aktive Systeme von mindestens 50 kBaud aufweisen (diese Werte wurden abgeleitet aus den Erfahrungsberichten der Industrie).

Zur Verdeutlichung der Bedeutung von Übertragungsraten sei folgendes Rechenbeispiel dargestellt:

Bei einer Übertragungsrate von 80 kBit/s und einer zu übertragenden Datenmenge von 8 kByte dauert im Idealfall der Datenaustausch zwischen Transponder und SLG 0,8 s.

2.1.4.3 Schreib-/Leseabstände Abstände

Passive Systeme in den Frequenzbändern 125/135 kHz und 13,56 MHZ sollten Schreib-/Leseabstände von ca. 10 cm bis hin zu einem Meter sicher überbrücken können (a_P < 1m). Die OFW Technologie bei passiven Systemen im Bereich 868 MHz und 2,45 GHz verspricht größere Schreib-/Leseentfernungen (z.B. einige Meter).

Aktive Systeme sollten Schreib-/Leseabstände von wenigen Zentimetern bis zu mehreren Metern sicher überbrücken können (a_A > 1m oder > 2m).

2.1.4.4 Protokolle

Eine Aussage über Übertragungsprotokolle ist an dieser Stelle nur schwer möglich, da in diesem Feld sehr viel Entwicklungsarbeit und know how der RFID Hersteller eingebracht ist. Hier kann nur empfohlen werden die Standardisierungsarbeiten in der ISO abzuwarten. Insbesondere ist die Entwicklung der derzeit in der Erarbeitung befindlichen ISO 18000 zu beobachten, die in 6 Teile unterteilt sein wird.

ISO/IEC TR 18000	
Part 1	Generic Parameters for Air Interface Communication for Globally Accepted Frequencies.
Part 2	Parameters for Air Interface Communication below 135 kHz.
Part 3	Parameters for Air Interface Communication at 13.56 MHz.
Part 4	Parameters for Air Interface Communication at 2.45 GHz.
Part 5	Parameters for Air Interface Communication at 5.8 GHz.
Part 6	Parameters for Air Interface Communication - UHF Frequency Band.

Tabelle 12: ISO/IEC TR 18000 (SC31 WG4/SG3) - RFID for item Management; Air Interface.

Im Teil 6 sollen Systeme im 868 MHz Band beschrieben sein.

An dieser Stelle sollte vom VDA forciert werden, dass die entstehenden, neuen Normen für RFID Technik (z.B. Luftschnittstelle und Übertragungsprotokolle) frei von Rechten Dritter sind, d.h. dass keine Patente erhoben werden, wie z.B. in der Norm ISO 15693 der Fall.

2.1.5 Equipment RFID Systeme

2.1.5.1 Mobile Datenspeicher/Transponder

Alle geeigneten Bauarten von Transpondern sollten verwendet werden können.

Passive Transponder sollten zudem für den Einsatz in allen Umgebungen gerüstet sein. Daher liegt eine Empfehlung zur Schutzklasse IP 67 für passive Transponder nahe. Zu bedenken ist jedoch, dass eine Transponder Ummantelung, die diesen Schutz auch gewährleistet, im Vergleich zu den anderen Transponderherstellkosten deutliche Zusatzkosten verursachen kann. Somit sollten im Bedarfsfall Transponder niedrigere Schutzklassen (z.B. IP 65) für „einfachere“ Umgebungen möglich sein.

Aktive Transponder beinhalten empfindliche Elektronikbauteile, die unbedingt vor Feuchtigkeit geschützt sein müssen. Für aktive Transponder ist daher zu empfehlen, dass sie mindestens die Schutzklasse IP 65 für den Einsatz im Freien aufweisen. Die Ummantelung oder Kapselung der Elektronik fällt bei aktiven Transponder zu den Gesamtherstellkosten weniger ins Gewicht als bei passiven Transpondern.

2.1.5.2 Schreib-/Lesegeräte

SLG sollten ein mechanisch robustes, schlagfestes, stets der Aufgabe optimal angepasstes Gehäuse haben, das eine Schutzklasse von mindestens IP 65 zum Einsatz im Freien gewährleistet. Für Umgebungstemperaturen unter 0°C sind beheizbare

Gehäuse oder entsprechende Maßnahmen vorzusehen, um die Funktionsfähigkeit der Elektronik bei tiefen Temperaturen zu gewährleisten.

2.1.5.3 Anbindung an EDV Systeme, etc.

Schnittstellen im Informationsfluss können in zwei Kategorien unterschieden werden (vgl. hierzu auch Bild 12):

1. Horizontale Schnittstellen, diese sind bereichs- oder unternehmensübergreifend (über die Grenzen des Arbeitssystems hinweg).
2. Vertikale Schnittstellen, z.B. Arbeitsstation zum Leitstand (Controlling) zu ERP-/ PPS-Systemen.

Zur Anbindung an bestehende EDV Systeme sollten SLG mindestens die folgenden Schnittstellen aufweisen und Übertragungsprotokolle (nicht zu verwechseln mit den Protokollen für die Luftschnittstelle) beherrschen.

Schnittstellen:

- RS 232 (alle)
- LAN Schnittstelle (alle) für TCP/IP Anbindung
- RS 422 (optional)
- RS 485 (optional)
- Anschluss für Lichtwellenleiter (optional)
- Sonstige Schnittstellen (optional)

Mit diesen Schnittsellen soll eine einfache Anbindung an Profi-Bus, CAN-Bus oder Inter-Bus soll möglich sein.

Aktuelle Protokolle:

- TCP/IP (alle)
- 3964-R (alle)
- FTP (optional)
- Sonstige Protokolle, z.B. neue, breitbandige I/O-Protokolle (optional)

2.1.6 Koexistenz, Kooperation

2.1.6.1 Funk LAN

RFID Systeme sind derart auszuführen, dass bestehende Funk LAN Systeme (Wireless LAN) nicht beeinträchtigt werden. Ebenso dürfen die RFID Systeme von Funk LAN nicht in ihrer Funktionssicherheit eingeschränkt werden.

2.1.6.2 Weitere Systeme

Insbesondere dürfen RFID Systeme auch folgende Systeme nicht beeinträchtigen:

- Funksteuerungen
- Datenfunksysteme, z.B. für Flottenmanagement für Gabelstapler oder in Kommissionierbereichen
- Mobilfunk und Betriebsmobilfunk
- EDV Anlagen
- Anlagensteuerungen

RFID Systeme müssen derart ausgeführt sein, dass sie von bestehenden Systemen nicht in Ihrer Funktion gefährdet werden. Es muss also ein gemischter, störungsfreier Betrieb möglich sein.

2.1.6.3 Frequenzhopping

Im allgemeinen sollte ein Frequenzhopping[2] bei RFID Systemen nur für den Fall vorgesehen sein, dass die Funktionssicherheit bei fester Frequenz nicht mit ausreichender Sicherheit gewährleistet werden kann (z.B. ISM Frequenz). Ein Frequenzhopping sollte also nicht von vornherein bei allen RFID Systemen als Standard vorausgesetzt sein.

Bluetooth Anwendungen nutzen das Frequenzhopping, so dass in dem betreffenden Frequenzbereich das Frequenzhopping für andere Anwendungen nötig ist um die Koexistenz zu gewährleisten.

In diesem Zusammenhang ist schnell ersichtlich, dass je breiter das genutzte Frequenzband ist, desto mehr Möglichkeiten bestehen für das Frequenzhopping und damit kann dann eine höhere Datenübertragungssicherheit erreicht werden.

2.1.7 Spielregeln für die Planung, den Aufbau und den Einsatz von RFID Systemen

Für die Planung, den Aufbau und Einsatz von RFID Systemen sind die logistischen Prozesse in der Automobilindustrie zu berücksichtigen, wie sie im Bild 26 beispielhaft dargestellt werden. Die Prozessketten durchlaufen Schnittstellen vom Normteillieferant zu Teilelieferanten (Objektlieferant) zu Modullieferanten (Systemlieferant) zu den OEM.

2.1.7.1 Allgemeine Vereinbarungen

Grundsätzlich ist von allen Systemnutzern sicherzustellen, dass die Transponder nur im Zustand voller Funktionalität dem Nächsten übergeben werden. D.h. alle Funk-

---

[2] Damit wird der regelmäßige Wechsel der Frequenz in einem festen Frequenzbereich (z.B. im Bereich des ISM Bands 2,4 bis 2,5 GHz) bezeichnet.

tionalitäten des Transponders müssen einwandfrei und ohne Einschränkungen ausgeführt werden können.

Soweit nichts anderes vereinbart ist, z.B. auf bilateraler Ebene, löscht der Lieferant zuerst den Transponder, schreibt dann die produktspezifischen Daten auf den Transponder auf und kontrolliert anschließend nochmals die Lesbarkeit.

Bei batteriegestützten, aktiven Systemen ist vom Versender – in der Regel ist dies der Lieferant – eine ausreichende Batteriekapazität zu gewährleisten. Dies kann dadurch geschehen, dass die verbleibende Batterielebensdauer ab Versendungstag bei einem Aktiv/Passiv-Zeitverhältnis von ca. 0,1 noch mindestens 8 Wochen beträgt.

Der Batteriestatus darf bei der Versendung nicht „LOW“ sein.

2.1.7.2 Vereinbarungen auf bilateraler Ebene

Neben den allgemeinen Vereinbarungen für den Einsatz von RFID Systemen sind Vereinbarungen auf bilateraler Ebene ausführbar und zulässig.

2.1.8 Anmerkungen zur Verfügbarkeit von RFID Systemen (Sicherheitsaspekte)

2.1.8.1 Funktionssicherheit

Die Prozesssicherheit kann bei dezentraler Datenhaltung dadurch gewährleistet werden, dass die Transponderdaten (Kerndaten oder voller Datensatz) in einem zweiten System (z.B. im HOST oder einem Datenträgerverfolgungssystem, vgl. hierzu auch Fa. Audi) redundant gespeichert werden. Ist ein Transponder nicht mehr lesbar, so kann durch die dem Kundenauftrag zugeordnete Identifikationsnummer ermittelt werden, welches LHM und welches Transportgut vorliegt.

2.1.8.1.1 Schreib-/Lese Zuverlässigkeit

Kurzfristiges Ziel ist eine erreichbare Schreib-/Lesezuverlässigkeit von deutlich über 99,9 %. Um Prozesssicherheit gewährleisten zu können, sollte als Schreib-/ Lesezuverlässigkeit langfristig mindestens 99,9999 % angestrebt werden. Dies entspräche einem Fehler auf eine Million Schreib-/Lesezyklen.

2.1.8.1.2 Lebensdauer

Passive, nur lesbare Transponder (Fixcode) sollten ohne Begrenzung ihrer Lebensdauer ausgeführt sein, mindestens jedoch 20 Jahre eingesetzt werden können.

Passive, schreib-/lesbare Transponder sollten eine Mindestlebensdauer entsprechend der LT-Lebensdauer haben, an denen sie angebracht werden. Die Lebensdauer kann z.B. 15 Jahre betragen oder ca. 100 000 Schreib-/Lesezyklen.

Bei aktiven Transpondern hängt die Lebensdauer ausschließlich von der Batterie ab. Hier sollte eine Mindestlebensdauer von mindestens 8 Jahren bis ca. 10 Jahren gewährleistet sein. Beispielhaft sei hier folgende Rechnung angeführt:

Bei 40 Schreib-/Lesezyklen eines aktiven Transponders pro Tag sind dies bei einer Lebensdauer von 8 Jahren insgesamt 116 800 Schreib-/Lesezyklen.

2.1.8.2 Sicherheit gegen unbefugten Zugriff

Eine Kryptographie (Verschlüsselung) von Daten ist sicherlich für mehrere Anwendungen in der Automobiltechnik sinnvoll, wie z.B. bei Wegfahrsperren.

Für Anwendungen im Bereich der Logistik und des Ladungsträgermanagements sollte die Möglichkeit prinzipiell ebenfalls gegeben sein, die Nutzung aber dem Anwender freigestellt werden.

Die betriebsübergreifende Nutzung von Sicherheitsmechanismen sollte auch hier nicht Gegenstand einer Standardisierungsempfehlung sein und bilateral zwischen Versender und Empfänger der Nachricht vereinbart werden können.

2.1.8.3 Schnittstellendefinitionen

Die Standardisierung der Infrastruktur über die europäische Normungsbehörde ETSI (European Telecommunications Standard Institute) sorgt dafür, dass die Geräte und Netze unterschiedlicher Hersteller zusammenarbeiten können. Der TETRA -Standard ermöglicht damit den Aufbau und störungsfreien Betrieb digitaler Funknetze für industrielle Nutzer.

Im Idealfall können RFID Systeme über zertifizierte Schnittstellen an ein ERP-System, wie z.B. SAP, BAAN, angebunden werden. Alle logistischen Daten stehen dann aktuell zur Verfügung, womit die logistischen Prozesse transparenter und schneller nachvollziehbar werden.

Nach Festlegung der Übertragungsprotokolle wären somit im Rahmen dieser Standardisierungsarbeit möglich standardisierte Schnittstellen zu den bekannten ERP-Systemen in der Automobilindustrie festzulegen.

2.1.9 Sonstiges

2.1.9.1 Reparaturen

Zur Gewährleistung der Einsatzfähigkeit von RFID Systemen sind beschädigte Transponder vom jeweils letzten Anwender vor der Weitergabe aus dem Verkehr zu ziehen und durch funktionsfähige Transponder zu ersetzen.

Reparaturen an Transpondern sind nicht zulässig.

Defekte Transponder werden vom Hersteller zurückgenommen. Die Hersteller verpflichten sich defekte Transponder zurückzunehmen und der Wiederverwertung zuzuführen.

2.1.9.2 *Schaltgrenzen der SLG*

Nach unserer Auffassung besteht noch ein Optimierungspotenzial im Bereich der Antennen und somit der Schreib-/Lesefelder der SLG. Es ist daher ein Messverfahren zu entwickeln und auch in der Empfehlung festzuschreiben, das die Messungen der Schaltgrenzen der SLG unter betrieblichen Bedingungen festlegt. Die Durchführung der Messungen sollte detailliert beschrieben werden (z.B. durch VDA AG Transponder und IFT-LL).

2.2 Standardisierungsempfehlungen auf der Basis existierender Normen

Die wichtigsten Merkmale der Standardisierungsempfehlung sind in den nachstehenden Kapiteln nochmals zusammengefasst.

2.2.1 Aktive Systeme

2.2.1.1 *Frequenzband*

2,45 GHz für weltweiten Einsatz und

868 MHz für lokale, nationale Nutzung in europäischen und nordamerikanischen Raum.

2.2.1.2 *Normen*

Norm ISO 18000 Teil 4 und Teil 6, sobald sie veröffentlicht wird (evtl. bereits Mitte 2002).

2.2.1.3 *Datenübertragungsrate*

> 50 kBaud.

2.2.1.4 *Speicherorganisation*

Fileorientierte Datenstruktur mit DOS 8+3 Filesystem und reservierten Speicher für Online EDV Services.

2.2.1.5 *Übertragungsprotokoll*

Nach ISO Norm 18000.

2.2.2 Passive Systeme

2.2.2.1 *Frequenz*

125/135 kHz,

13,56 MHz,

2,45 GHz und

optional 868 MHz.

2.2.2.2 *Normen*

Die 13,56 MHz Technik wurde in der Norm ISO/IEC 15693 (Norm ist nicht patentfrei) standardisiert.

In der Norm werden die Grundfunktionalitäten der Übertragungsfrequenz detailliert beschrieben. Die Norm bietet den Transponder Herstellern aber auch die Möglichkeit Zusatzfunktionalitäten in das System einzubauen. Werden nur die Grundfunktionalitäten genutzt, sind die Systeme zueinander kompatibel. Die Unterschiede bei den Datenträgern liegen in der Speichergröße begründet (abhängig vom Speicherchip).

I Code: 48 Byte

Tag it: 40 Byte

My d: 1000 Byte (Infineon Chip)

Moby D: 48 Byte oder mehr

2.2.2.3 *Datenübertragungsrate*

Mindestens 2400 Baud

und möglichst mindestens 9600 Baud.

2.2.2.4 *Speicherorganisation*

Adressorientiert mit fester Datenstruktur und bytefreiem Datenzugriff.

2.2.2.5 *Übertragungsprotokoll.*

Für 13,56 MHz nach ISO 15693.

Für 868 MHz und 2,45 GHz nach ISO 18000.

2.2.3 Kennzeichnung der Transponder

Für den Fall, dass der Transponder nicht mehr ausgelesen werden kann, soll jeder Transponder auf der Außenseite die Identifikationsnummer in Klarschrift und/oder Strichcode Schrift enthalten (Notstrategie). Damit ist für diesen Notfall eine zumindest teilweise Rekonstruktion des Datensatzes möglich, falls diese zentral auf einem HOST Rechner abgelegt sind.

3 Berücksichtigung sich abzeichnender Entwicklungen mit Einfluss auf einen Standard

RFID Systeme im Frequenzband 868 MHz (UHF), das ja kein ISM Band ist, nutzen die Zulassung für SRD (Short Range Device, vgl. CEPT/ERC 70-03) in weiten Teilen des europäischen und nordamerikanischen Raums. Durch ihre Bekanntheit und Verbreitung im Markt können diese durchaus als nationale oder lokale Standards angesehen werden. In den nächsten Jahren ist eine weltweite Standardisierung derzeit nicht absehbar, da dies vor allem im asiatischen Raum schwer durchzuführen sein wird.

Ein Normentwurf für 868 MHz Systeme wurde von den Herstellern dieser Systeme bereits in die Normierungsarbeiten zur ISO 18000 eingebracht. Auch in Normentwürfen der AIAG (vgl. AIAG B11 RFID Draft), die bereits einen hohen Detaillierungsgrad aufweisen, wird neben dem Frequenzband 2,45 GHz ebenso auf dieses Band verwiesen. Aus derzeitiger Sicht ist daher abzusehen, dass diese RFID Systeme in nächster Zeit auch immer mehr in internationalen Normen Eingang finden werden.

Dadurch dass auch in der deutschen Automobilindustrie diese Systeme bekannt sind und auch bereits in mehreren Anwendungen im Einsatz sind, sollten diese Systeme aus heutiger Sicht mit den folgenden Einschränkungen in den Standardisierungsvorschlag des VDA aufgenommen werden.

Das UHF Band im Bereich 868 MHz ist ein Frequenzband von vergleichsweise schmaler Breite. Zudem ist das Band in mehrere Abschnitte unterteilt, die zum Teil anderen Anwendungen vorbehalten sind und daher für SRD – hierzu zählen sich ja auch die RFID Systeme in dem Feld – nicht genutzt werden dürfen (vgl. hierzu Bild 11).

Zur Zeit sind noch wenige, andere Anwendungen in diesem Feld anzutreffen. Sollte sich dies aber in nächster Zeit ändern, bliebe die dringende Frage zu klären, ob und wie weit ein Ausweichen auf andere Frequenzen (Frequenzhopping) noch möglich ist.

Im weiteren ist die Frage der Lizenzierung und eventuell fälligen Gebühren zu klären, die sich z.B. durch eine Änderung der Zulassungen für SRD ergeben könnten.

4 Zusammenfassung

Der vorliegende Bericht gibt eine Zusammenfassung über den Stand der Standardisierungsarbeiten für RFID Systeme in der deutschen Automobilindustrie. Es wird so detailliert wie nötig ein Standardisierungsvorschlag für die Luftschnittstelle von RFID Systemen beschrieben, damit die zu erwartenden Weiter-Entwicklungen dieser Technik in den kommenden Jahren nicht durch einen zu eng gefassten Standard vorab ausgegrenzt werden.

Bei der Erarbeitung des Vorschlags wurden die derzeit im Markt angebotenen RFID Systeme untersucht und beschrieben, wie diese optimal in den heutigen Prozessketten der Automobilindustrie eingesetzt werden können. Dies hat die Vorteile, dass einerseits das gesamte, zur Verfügung stehende Potenzial an RFID Systemen für den Standardisierungsvorschlag genutzt werden konnte und anderseits keine kosten- und zeitaufwendigen Neuentwicklungen für die Anwendung in der Automobilindustrie eingeschlossen werden.

Bei passiven Systemen werden nach dem augenblicklichen Vorschriftenstand folgende Frequenzbänder 125kHz/135 kHz, 13,56 MHz und 2,45 GHz identifiziert. Da die speicherbaren Datenmengen bei passiven Transpondern meist eng begrenzt sind, wird eine adressorientierte Datenstruktur empfohlen. Die Vorteile hierbei sind ein schnellerer Datenzugriff und geringerer Speicherbedarf. Passive Systeme im Frequenzband 2,45 GHz sind bisher in der Praxis nur als Fixcode Systeme („read only"–System) aufgetreten. Neue Entwicklungen sind abzuwarten.

Für die Frequenzbänder 125kHz/135kHz und 13,56 MHz bestehen für die Luftschnittstelle bereits internationale Normen, die für eine Standardisierung in der Automobilindustrie berücksichtigt werden müssen.

Diese Normen für die Luftschnittselle (air interface) werden derzeit in einem neuen Regelwerk, der ISO 18000 zusammengefasst und ergänzt. Da sich die ISO 18000 derzeit noch in der Bearbeitung befindet, gilt es die Entwicklung im Hinblick auf eventuelle Veränderungen oder Anpassungen der bestehenden Normen zu beobachten.

Bei aktiven Systemen werden auch die Frequenzbänder 868 MHz und 2,45 GHz als lokale Lösungsmöglichkeiten beschrieben, wovon nur das Band 2,45 GHz ein ISM Frequenzband ist. Für die Nutzung von ISM Frequenzen gilt, dass sie weltweit zulassungsfrei sind und auch keine Gebühren für die Nutzung bezahlt werden müssen. Nachteilig ist allerdings, dass durch die frei verfügbaren Frequenzbänder viele weitere Anwendungen im betrieblichen Umfeld auftreten können, die sich je nach Sendeleistung im ungünstigen Falls dann störend auf die RFID System auswirken können. Deshalb wird bei zukünftigen Entwicklungen in diesem Bereich der Schwerpunkt auf die Funktionssicherheit der RFID Systeme bei gleichzeitiger Existenz anderer Anwender in diesem Frequenzband gelegt werden müssen.

Da die von RFID Antennen abgestrahlte Sendleistung meist im Bereich von wenigen Milli-Watt liegt und damit vergleichsweise gering ist, ist es wichtig, die Nutzung von RFID Systemen in den ISM Bändern besonders sorgfältig zu planen und in einer standardisierten und optimierten Vorgehensweise durchzuführen. Beispielhafte Maßnahmen zur Sicherung der Datenübertragung zwischen SLG und Transponder sind im Kapitel 1.4.3.3.1 beschrieben.

Das Frequenzband 868 MHz ist kein ISM Band. Dennoch sind Anwendungen in Mitteleuropa und Nordamerika (hier ist die Komplementärfrequenz 915 MHz gemeint) als sogenannte Short Range Device (SRD) zugelassen. Im weiteren werden in der anstehenden Veröffentlichung der ISO 18000, Teil 6 UHF Systeme beschrieben, so dass eine Standardisierung in anderen Ländern möglich wird. Bei der Nutzung dieses Frequenzbands ist zu berücksichtigen, dass es sich um ein schmales, unterteiltes Frequenzband handelt, der Sendebetrieb aber durch Zeitlimits („duty cycles") reglementiert ist. Ein Ausweichen auf eine andere Frequenz in diesem Bandbereich (Frequenzhopping) ist nur sehr eingeschränkt möglich. Zudem ist eine Zulassung der Frequenz im asiatischen Raum, z.B. Japan, derzeit nicht absehbar.

Im Vergleich zwischen den beiden Frequenzbändern aktiver Systeme, weist das 868 MHz Band den Vorteil auf, dass die Freifelddämpfung[3] geringer ist. Durch die günstigeren physikalischen Eigenschaften können somit größere Schreib-/Lesereichweiten erreicht werden. Bedingt durch die höhere Übertragungsfrequenz sind bei 2,45 GHz dagegen prinzipiell größere Datenübertragungsraten möglich.

Aus unserer Sicht besteht bei RFID Systemen, insbesondere im Bereich der Antennen (Bauformen, Ausrichtung, etc.) noch ein hohes Optimierungspotenzial für Generalunternehmer.

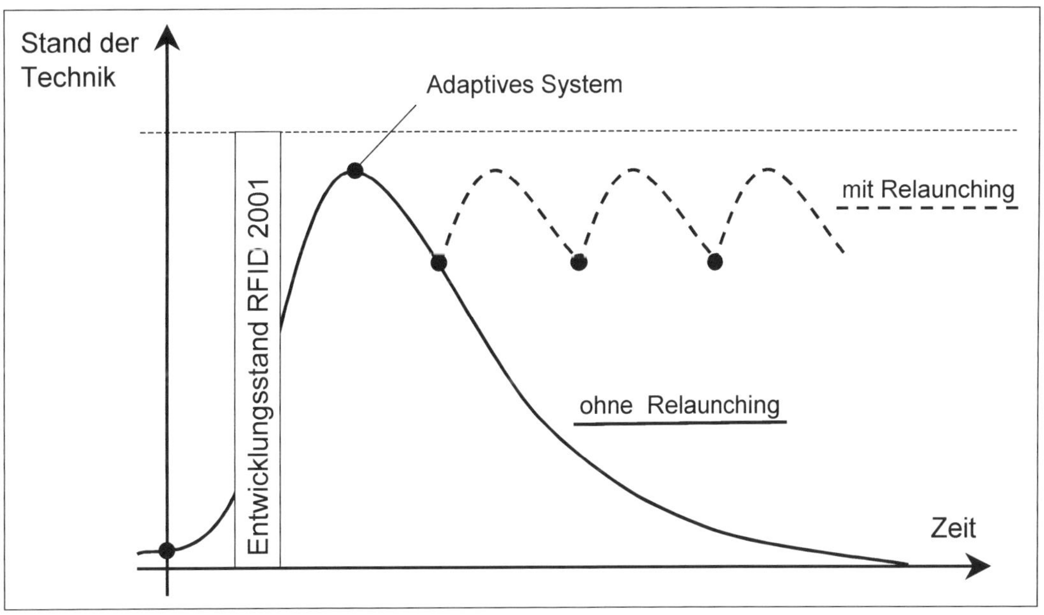

Bild 32: Charakteristische Entwicklungslinie für ein standardisierungsfähigen RFID (Quelle: Roos).

[3] Nach Unterlagen der Fa. Identec.

Im weiteren ist sicherlich auch die Frage der optimalen Anordnung der SLG zu den Transpondern zu klären. Um hier fundierte Aussagen treffen zu können, sind in diesem Bereich weitere Untersuchungen nötig. Beispielsweise sollten die Ausdehnungen der SLG Schreib-/Lesefelder in allen möglichen betrieblichen Umfeldern vermessen werden. Dazu sind zuerst geeignete Messverfahren zu ermitteln und die Durchführung der Messungen detailliert (Vorgehensweise der Messungen in der betrieblichen Praxis) zu beschreiben. Um die Funktionssicherheit von RFID Systemen zu gewährleisten, sollten in Zukunft vor dem Einsatz Messungen der Störstrahlungen im betrieblichen Einsatzfeld durchgeführt werden.

Ausblickend auf die Zukunft sollte die weitere Vorgehensweise nun darin bestehen, auf der Basis der vorliegenden Empfehlung ein oder mehrere Pilotversuche in der industriellen Praxis durchzuführen und wissenschaftlich zu begleiten, anhand dessen dann weitere Erkenntnisse für die Standardisierung erarbeitet werden können. So ist beispielsweise eine Datenstruktur zu erproben, die als „Minimalforderung“ an einen VDA Transponder als Ergänzung für das VDA 4902-Label zu stellen ist. Dabei ist es zuerst unerheblich, ob die Datenstruktur (Grundstruktur) zuerst für passive oder aktive Systeme entwickelt wird, denn sie kann und soll dann für das jeweils andere System mit geringfügigen Änderungen übernommen werden.

Im Großladungsträgerbereich würde sich die Begleitung bereits laufender Projekte empfehlen, wie beispielsweise die Pilotversuche zur Räderpalette (mit Berücksichtigung der Zwischenlagen und Abschlussdeckel) oder die Untersuchung anderer Spezial-GLT Kreisläufe. Hier liegt das Hauptaugenmerk des Transpondereinsatzes auf einer schnellen Reduzierung – oder gar vollständigen Beseitigung – der „Schwundeffekte“. Der zum Teil drastische, kontinuierliche Schwund in den GLT Beständen der einzelnen Werke der Automobilindustrie stellt einen hohen Kostenfaktor dar, so dass sich bei einer Reduzierung die Investitionen in RFID Systemen umgehend amortisieren lassen könnten.

Stuttgart, im Mai 2002.

Prof. Dr.-Ing. H.J. Roos

5 Teil III: Anhang

5.1 Definitionen, Begriffe, Abkürzungen

AIAG: Automotive Industry Action Group.

AFNOR: Association Francaise de Normalisation.

Aktive Systeme: Aktive RFID Transponder haben eine eigene Energieversorgung, sind also aktiv im Sinne von „aktiver Energieversorgung".

AMPS: Advanced Mobile Phone System
ist das Pendant in den USA zum europäischen GSM 900 (Frequenz 824 bis 894 MHz).

ANSI: American National Standards Institute.

ANSI MH: American National Standard for Material Handling.

ARP: Application Requirements Profile.

ASCII: American Standard Code for Information Interchange.
„Amerikanischer Standard Code für den Informationsaustausch bezeichnet einen Computercode, bestehend aus 128 alphanumerischen Zeichen und Kontrollzeichen. Jedes Zeichen ist in 7 Bits verschlüsselt (8 inklusive des Paritätsbits) und dient dem Informationsaustausch zwischen Computersystemen. Der Standard ist spezifiziert in ISO 646." (Quelle: AIM Deutschland)

BAPT: Bundesamt für Post- und Telekommunikation.

BAUD: Einheit für die Datenübertragungsgeschwindigkeit; Baud = Bit/s.

Bluetooth: Ist eine drahtlose Verbindungstechnologie für Kurzstrecken.
Damit können elektronische Geräte, wie z.B. Mobiltelefone, Drucker, digitale Kameras, Computer oder PDA miteinander verbunden werden. Bluetooth wurde entwickelt, um auf Strecken bis zu 10 Metern Daten bis zu 720kbit/s auszutauschen.

CEPT: European Conference of Postal and Telecommunications Administrations.

CEFIC: Comité Consultativ International Telégraphique et Telephonique.

CIM: Computer Integrated Manufacturing.

CRC: Cyclic Redundancy Checksum.

DFÜ: Datenfernübertragung (siehe EDI).

DSFID: Data Storage Format Identifier.

EAN: European Article Numbering.

EAS: Electronic Article Surveillance.

ECR: Efficient Consumer Response.

EDI: Electronic Data Interchange (siehe DFÜ).

EDIFACT: Electronic Data Interchange for Adminstration Commerce and Transport.

EDIFICE: Electronic Data Interchange for Companies with Interest in Computing and Electronics.

EDV: Elektronische Datenverarbeitung

EEPROM: Electrically Erasable Programmable Read Only Memory,
elektrisch lösch- und beschreibbarer, programmierbarer Festwertspeicher mit permanentem Datenerhalt.

EIRP: Equivalent Isotropically Radiated Power (siehe auch ERP),
äquivalente isotrope Strahlungsleistung

EMV: Elektromagnetische Verträglichkeit.
ist nach Köhler 1995 die „Fähigkeit elektrotechnischer Einrichtungen, sich problemlos in ein elektromagnetisches Umfeld zu integrieren, d.h. dort bestimmungsgemäß zu arbeiten und andere in dieser Umgebung befindlichen Geräte nicht unzulässig elektromagnetisch zu belasten.“

ERP-System: Enterprise Ressource Planning - Systeme
sind Software Systeme, mit denen Unternehmen ihre Finanz- und Personalressourcen automatisiert verwalten und in produktiven Bereichen z.B. die Vorgänge in der Bestell- und Rechnungsabwicklung sowie der Produktionsplanung unterstützen.

ERP: Equivalent Radiated Power oder Effective Radiated Power
also die von einer Antenne abgestrahlte Sendeleistung.

ETS: European Telecommunication Standard.

ETSI: European Telecommunication Standard Institute,
darin sind EU Verwaltungen, europäische Hersteller und Forschungsinstitute zusammengeschlossen (vgl. http://www.etsi.org).

FreqBZPV: Frequenzbereichszuweisungsplanverordnung;
„Diese Verordnung regelt die Zuweisung von Frequenzbereichen an einzelne Funkdienste und an andere Anwendungen elektromagnetischer Wellen für die Bundesrepublik Deutschland“ (aus FreqBZPV, siehe Literaturliste).

Frequenzhopping: Wechsel der Frequenz in einem festen Frequenzbereich.
Bei Bluetooth springt z.B. der Sender bis zu 1600-mal pro Sekunde zwischen 79 Stufen des Frequenzbandes, das von 2402 MHz bis 2480 MHz reicht. Die gegenseitige Beeinflussung von Geräten, welche die gleiche Frequenz benutzen, ist allerdings noch nicht zweifelsfrei geklärt (Quelle: www-mobile.uni-regensburg.de/freiedokumente/Berichte/MobileGlossar.pdf).

Fixcode MDS: Read only Transponder mit unveränderbarem Speicher;
Als Information ist auf dem Transponder nur die weltweit eindeutige Identifikationsnummer des Transponders hinterlegt. Weitere Daten, z.B. variable Transportdaten, können nicht auf dem Transponder abgespeichert werden.

FTP: File Transfer Protocol.
Protokoll zum Austausch von Daten von und zu einem FTP-Server.

GFL: Gesellschaft zur Förderung der Logistik e.V.

GHz: Giga-Hertz.

GLT: Großladungsträger.

GSM: Global System for Mobile Communications.
Internationaler Standard für den digitalen Mobilfunk, auf dem z.B. das D1-, das D2- oder das E-Netz basiert (D-Netz: GSM900, Frequenz 890 bis 960 MHz und E-Netz: GSM1800, Frequenz 1,71 bis 1,88 GHz).

I+K-Technik: Informations- und Kommunikationstechnik.

ICNIRP: International Commission on Non-Ionizing Radiation Protection.

ID-Nummer: Weltweit einzigartige Identifikationsnummer des Transponders;
Diese ID Nummer ist unlöschbar auf dem Datenträger integriert, kann aber bei unbeschädigten MDS stets ausgelesen werden.

IEC: International Electrical Commission.

IEEE: Institute of Electrical and Electronics Engineers.

IF: Informationsfluss.

IFT-LL: Institut für Fördertechnik und Logistik, Abt. Lagertechnik und Logistik

IMS: Informationsmanagementsystem.

Induktive Systeme: Sie arbeiten nur bei geringen Übertragungswegen und unterliegen daher meist engen Montagebeschränkungen.
Während metallische Objekte im Übertragungsfeld eine starke Felddämpfung bewirken, sind diese Systeme gegen nichtmetallische Verschmutzung meist unempfindlich.

IP: Internet Protokoll.
Das Internetprotokoll ist für das Verschicken von Datenpaketen von einem Knoten zu einem anderen verantwortlich. Es versendet jedes Paket basierend auf einer vier Byte großen Zieladresse, der IP-Nummer.

ISDN: Integrated Services Digital Network.

ISM: Industrial Scientific and Medical;
dies sind also Frequenzen für „Hochfrequenzgeräte in Industrie, Wissenschaft und Medizin. ISM-Frequenzen sind international zugewiesene Frequenzen, die von Hochfrequenzgeräten und Hochfrequenzanlagen genutzt werden dürfen (Quelle: RegTP)". Für Anwendungen in diesen Frequenzbändern sind weltweit keine Lizenzen nötig (vgl. hierzu UIT und FreqBZPV).

ISO: International Standards Organisation;
dies ist die weltweite Vereinigung nationaler Normungsinstitute.

JTC: Joint Technical Committee.

KLT: Kleinladungsträger.

λ: Wellenlänge der elektromagnetischen Welle.

LAN: Local Area Network
LAN haben Ausdehnung von bis zu einigen Kilometern und bieten Übertragungsraten von ca. 1 - 20 Mio. bit/s; mit Glasfaserkabeln (Fibre Distributes Data Interfaces FDDI) bis zu 100 Mio. bit/s.

LE: Ladeeinheit.

LHM: Ladehilfsmittel.

LT: Ladungsträger.

LSB: Last Significant Bit.

LWL: Lichtwellenleiter.

MAN: Metropolitan Area Network.
MAN haben Reichweiten von 5 bis 50 Kilometern. Sie sind insbesondere für die Unterstützung von Sprach-, Daten- und Videodiensten konzipiert und bieten Übertragungsraten von mehr als 1 Mio. bit/s.

MDS: Mobile Datenspeicher; für MDS wird auch der Begriff Transponder oder RFID TAG (engl.) verwendet.
MDS sind programmierbare Datenträger, die in Kommunikation mit Schreib-/Lesegeräten warenbegleitende Informationen aufnehmen, speichern und abgeben können. MDS werden direkt am Objekt bzw. Objektdatenträger montiert. Sie unterscheiden sich durch den verwendeten Speichertyp (RAM oder EEPROM) und der Art der Energieversorgung (aktive MDS: mit Batterie, passive MDS mit Energieversorgung durch elektromagnetisches Feld).

MF: Materialfluss.

MHz: Mega-Hertz.

Mikrowellen-Systeme: Hierbei sind Systeme im unteren UHF-Bereich gemeint.
Sie haben eine starke Richtwirkung und können nichtmetallische Hindernisse durchdringen. Liegen die Wellenlängen im GHz-Bereich lassen sich kompakte Antennen und MDS realisieren. Mikrowellen sind meist unempfindlich gegen elektromagnetische und elektrostatische Störfelder. Die erreichbaren Übertragungsabstände liegen im mittleren bis großen Bereich.

MSP: Multi System Palette.

Multi-Tag Fähigkeit: Damit wird die Fähigkeit eines SLG bezeichnet aus mehreren Transpondern im SL-Feld gezielt einzelne Transponderinformationen auszulesen oder zu beschreiben.

ODETTE: Organisation for Data Exchange Through Teletransmission in Europe.

OEM: Original Equipment Manufacturer.

ÖPNV: Öffentlicher Personennahverkehr.

OFW: Oberflächenwelle.

OSI: Open Systems Interconnection.

Passive Systeme: Passive Transponder haben keine eigene Energieversorgung, sind also passiv im Sinne von „passiver Energieversorgung". Sie beziehen ihre Energie aus dem elektromagnetischen Feld des SLG, können daher auch aktiv Signale aufnehmen, verarbeiten und senden.

PCS: Personal Communication Service; ist das Pendant in den USA zum europäischen GSM1800 (Frequenz 1850 bis 1990 MHz).

PDM: Produkt Management System.

PPS: Produktionsplanungs- und Steuerungssystem.

Produktdaten: Informationen zum Produkt, wie graphische Daten, Daten der technischen Zeichnung, Geometriedaten und Produktmodelldaten.

Pulkerfassung: Damit wird die Fähigkeit eines SLG bezeichnet, mehrere Transponder im SL-Feld zu erkennen. Hiermit ist nicht automatisch gewährleistet, dass die Transponder auch einzeln gelesen oder beschrieben werden können (vgl. hierzu auch Multi-Tag Fähigkeit).

RegTP: Regulierungsbehörde für Telekommunikation und Post.

RFID: Radiofrequenzidentifikationstechnik RFID Systeme sind Systeme, die Daten auf einen MDS kontaktlos schreiben oder lesen können, welcher sich gerade im Lesefeld des SLG befindet. Die Daten können dabei aus wenigen Bits bis zu einigen KBytes bestehen. Der Datenumfang ist abhängig von der Anwendung und somit von der Identifikationsinformation und weiteren relevanten Informationen des Objekts an dem sich der MDS befindet. Die Kommunikation zwischen MDS und SLG findet durch elektromagnetische Wellen im Radiofrequenzband statt.

RS232: Recommended Standard 232 weit verbreitete serielle Schnittstelle für den Datenaustausch (V.24); entweder 9 polig (Sub 9D - Stecker) bzw. 25 polig. Ist an jedem PC als COM-Schnittstelle vorhanden.

SAN: Storage Area Network oder Speichernetzwerke.

SC: Subcommittee.

SLG: Schreib-/Lesegerät SLG übernehmen die Datenkommunikation mit dem MDS und dem übergeordneten EDV System. Die SLG setzen die von der Auswerteeinheit empfangenen Befehle zum Schreiben und Lesen von Daten um. Der Informationsaustausch zwischen MDS und SLG erfolgt über elektromagnetische Wellen und ist nur in einem eingeschränkten Bereich, dem Kommunikationsbereich, möglich. Form und Größe des Kommunikationsbereichs sind systemspezifisch.

SRD: Short Range Device. Damit werden Funksender bezeichnet, die andere Radiogeräte nicht oder nur geringfügig beeinträchtigen und uni- oder bidirektionale Kommunikation unterstützen. SRD können alle Modi der Modulation nutzen, die in relevanten Standards beschrieben sind (vgl. CEPT/ERC 70-03).

STEP: Standard for the Exchange of Product Model Data. Internationale Norm für den Austausch von Produktmodelldaten.

TAG: Siehe unter MDS.

TCP: Transmission Control Protocol.
Das TCP ist für die korrekte Auslieferung der Daten von einem Client zum Server verantwortlich. TCP hilft bei der Erkennung von Fehlern oder dem Verlust von Daten und veranlasst ein wiederholtes Senden bis die Daten korrekt empfangen wurden. Das TCP bildet zusammen mit IP das Standard-Protokoll im Internet.

TCP/IP: Transmission Control Protocol/ Internet Protocol.
Standard Internet Protokoll, mit dem Computer in verschiedenen Netzwerken miteinander verbunden werden können.

TETRA: TErrestrial Trunked Radio,
ist ein offener, digitaler Standard für Bündelfunk, welcher vom ETSI festgelegt wurde (vgl. http://www.tetramou.com).

Transponder: Siehe auch unter MDS.
Der Begriff ist eine synthetische Bezeichnung für elektronische Warenetiketten, der aus den englischen Worten TRANSmitter (Sender) und ResPONDER (Antwortgeber) zusammengesetzt ist (vgl. Schäfer, U. 2002).

UIT: Internationale Fernmeldeunion;
diese befasst sich auf internationaler Ebene mit allen Aufgaben im Bereich der Telekommunikation. Auf einer alle zwei bis drei Jahre stattfindenden Weltfunkkonferenz wird der auf internationalen Vereinbarungen basierende internationale Frequenzbereichszuweisungsplan überarbeitet und aktualisiert. (vgl. FreqBZPV und Anlagen).

UHF: Ultra High Frequency.
Bereich von 300 MHz bis 3 GHz (nach DIN VDE 0848).

UMTS: Universal Mobile Telecom System;
neuer europäischer Mobilfunkstandard der auf GSM basiert (Frequenz 1,9 bis 2,2 GHz).

VDA: Verband der Automobilindustrie.

VDA KLT: VDA Kleinladungsträger nach VDA 4500 und DIN 30820.

VDA RL-KLT: VDA Redesign Light Kleinladungsträger nach VDA 4500 (neuste Fassung).

WF: Wertefluss.

WORM: Write Once Read Many.

5.2 Normen- und Literaturverzeichnis

Normen

[1]	CEPT/ERC 70-03	CEPT/ERC 70-03. Recommendation 70-03, relating the use of short range devices (SRD). Gemeinsame Regulierungsvorschriften für SRD in den Mitgliedsstaaten der CEPT.
[2]	CEPT T/R 60-01	CEPT T/R 60-01. Low-power radiolocation equipment for detecting movement and for alert (EAS). Technical recommendation.
[3]	CEPT T/R 22-04	CEPT T/R 22-04. Harmonisation of frequency bands for Road Transport Information Systems (RTI). Mautsysteme, Frachtidentifikation.
[4]	DIN 69873	DIN 69873. Datenträger für Werkzeuge und Spannzeuge; Maße für Datenträger und deren Einbauraum. Berlin: Beuth, 1993
[5]	DIN EN 1573	Strichcodierung – Branchenübergreifendes Transportetikett. Berlin: Beuth, 1997
[6]	DIN EN 13818 Teil 1 - Teil 2	DIN EN 13818. Ortsbewegliche Gasflaschen - Identifizierung und Kennzeichnung mittels Hochfrequenztechnologie. Teil 1: Referenzarchitektur und Terminologie (04/2000). Teil 2: Informationsstruktur und Luft-Schnittstelle (06/2001). Berlin: Beuth, 2000/2001
[7]	DIN EN 50357	DIN EN 50357. Ermittlung der Sicherheit von Personen in elektromagnetischen Feldern von Geräten, die in der elektronischen Artikelüberwachung (en: EAS), Hochfrequenz-Identifizierung (en: RFID) und ähnlichen Anwendungen verwendet werden. Berlin: Beuth, 2001
[8]	DIN EN 50364	DIN EN 50364. Begrenzung der Exposition von Personen gegenüber elektromagnetischen Feldern von Geräten, die im Frequenzbereich von 0 Hz bis 10 GHz betrieben und in der elektronischen Artikelüberwachung (en: EAS), Hochfrequenz-Identifizierung (en: RFID) und ähnlichen Anwendungen verwendet werden. Berlin: Beuth, 2001
[9]	DIN EN 55022	DIN EN 55022. Einrichtungen der Informationstechnik - Funkstöreigenschaften - Grenzwerte und Messverfahren. Berlin: Beuth, 2001
[10]	DIN EN 60835 Teil 3	DIN EN 60835-3 Messverfahren für Geräte in digitalen Mikrowellen-Funkübertragungssystemen; Teil 3: Messungen an Satelliten-Erdfunkstellen. Hauptabschnitt 1: Allgemeines (09/1993). Hauptabschnitt 2: Antenne (04/1997). Berlin: Beuth, 1993/1997

[11]	DIN EN 300220 Teil 1 - Teil 3	DIN EN 300220. Elektromagnetische Verträglichkeit und Funkspektrumangelegenheiten (ERM) - Funkanlagen mit geringer Reichweite (SRD); Funkgeräte zur Verwendung im Frequenzbereich von 25 MHz bis 1000 MHz mit Leistungspegeln bis zu 500 mW. Teil 1: Technische Kennwerte und Prüfverfahren. Teil 2: Zusätzliche Parameter, die nicht für Konformitätszwecke vorgesehen sind. Teil 3: Harmonisierte EN, die wesentliche Anforderungen nach Artikel 3.2 der R&TTE-Richtlinie enthält. Berlin: Beuth, 2000
[12]	DIN EN ISO 3166 Teil 1	DIN EN ISO 3166-1. Codes für die Namen von Ländern und deren Untereinheiten. Teil 1: Codes für Ländernamen. Berlin: Beuth, 1998
[13]	DIN ETS 300683	DIN ETS 300683. Funkgeräte und -systeme (RES) - Elektromagnetische Verträglichkeit (EMV) von Funkgeräten geringer Reichweite (SRD), die auf Frequenzen zwischen 9 kHz und 25 GHz arbeiten. Berlin: Beuth, 1999
[14]	DIN/ISO 10374	DIN ISO 10374. Container - Automatische Identifizierung (ISO 10374:1991 + AMD 1:1995). Berlin: Beuth, 1996
[15]	DIN V 27001	DIN V 27001. RFID-Systeme - Anforderungen der Konsumgüterwirtschaft - RF-Tag-Identifikator. Berlin: Beuth, 2001
[16]	FreqBZPV	Frequenzbereichszuweisungsplanverordnung (FreqBZPV) der Bundesregierung vom 26. April 2001 Anlage 1: Frequenzbereichszuweisungsplan Anlage 2: Nutzungsbestimmungen Anlage 3: Begründung
[17]	ISO/IEC 7816 Teil 1 – Teil 7	ISO/IEC 7816-1. Identifikationskarten - Integrierte Schaltungen mit Kontakten. Teil 1: Physikalische Eigenschaften (10/1998). Teil 2: Abmessungen und Lokalisierung der Kontakte (03/1999). Teil 3: Elektronische Eigenschaften und Übertragungsprotokolle (12/1997). Teil 4: Interindustrielle Kommandos (05/1995). Teil 5: Nummerierungssystem und Verwaltung der Anwenderkennzeichen (12/1996). Teil 6: Interindustrielle Datenelemente (05/1996). Teil 7: Interindustrielle Kommandos für die strukturierte Kartenabfragesprache SCQL (03/1999). Berlin: Beuth, 1995/1999

[18] ISO/IEC 10373 Teil 1 – Teil 7
ISO/IEC 10373.
Identifikationskarten – Prüfverfahren.
Teil 1: Allgemeine Prüfungen (12/1998).
Teil 2: Karten mit Magnetstreifen (12/1998).
Teil 3: Chipkarten mit Kontakten und zugehörige Schnittstellen-Geräte (02/2001).
Teil 4: Clouse-coupling-cards according to ISO 10536.
Teil 5: Optische Speicherkarten (12/1998).
Teil 6: "Proximity"-Karten (05/2001).
Teil 7: "Vicinity"-Karten (05/2001).
Berlin: Beuth, 1998/2001

[19] ISO/IEC 10536 Teil 1
ISO/IEC 10536-1.
Identifikationskarten - Kontaktlose Chipkarten - "Close-coupled"-Karten.
Teil 1: Physikalische Eigenschaften.
Berlin: Beuth, 2000

[20] ISO/IEC 10536 Teil 2 – Teil 4
ISO/IEC 10536.
Identifikationskarten - Karten mit integrierten Schaltkreisen ohne Kontakte.
Teil 2: Abmessungen und Lage der Koppelflächen (12/1995).
Teil 3: Elektrische Signale und Reset-Prozeduren (12/1996).
Teil 4: Derzeit in Erarbeitung (Entwurf) Answer to reset and transmission protocols.
Berlin: Beuth, 1995/1996

[21] ISO 11784 (135 kHz)
ISO 11784.
Elektronische Identifizierung von Tieren mit HF-Technik – Codestruktur.
Berlin: Beuth, 1996.–Z.B. Glastransponder.

[22] ISO 11785 (135 kHz)
ISO 11785.
Elektronische Identifizierung von Tieren mit HF-Technik - Technisches Konzept.
Berlin: Beuth, 1996.–Z.B. Glastransponder

[23] ISO 10303
ISO 10303.
Industrielle Automatisierungssysteme und Integration – Produktdatendarstellung und -austausch.
Mehrere Teile.
Berlin: Beuth, 1994 bis 2001

[24] ISO/DIS 14223 Teil 1
ISO/DIS 14223-1.
Elektronische Identifizierungen von Tieren mit Hochfrequenztechnik - Weiterentwickelte Transponder.
Teil 1: Funkschnittstelle.
Berlin: Beuth, 2000

[25] ISO/IEC 14443 Teil 1 – Teil 4
ISO/IEC 14443.
Identifikationskarten - Kontaktlose Chipkarten - Proximity-Karten.
Teil 1: Physikalische Eigenschaften (04/2000).
Teil 2: Hochfrequenz-Energieübertragung und Signalschnittstelle (07/2001).
Teil 3: Initialisierung und Antikollisionsverfahren (02/2001).
Teil 4: Übertragungsprotokoll (02/2001).
Berlin: Beuth, 2000/2001

[26]	ISO/IEC 15418	ISO/IEC 15418. Informationstechnik - EAN/UCC-Datenbezeichner und FACT-Datenidentifikatoren und deren Pflege. Berlin: Beuth, 1999
[27]	ISO/IEC 15434	ISO/IEC 15434. Informationstechnik - Transfer-Syntax für Medien zur automatischen Datenerfassung mit hoher Kapazität. Berlin: Beuth, 1999
[28]	ISO/IEC 15693 Teil 1 – Teil 4 (13,56 MHz)	ISO/IEC 15693. Identifikationskarten - Kontaktlose Chipkarten; "Vicinity"-Karten. Teil 1: Physikalische Eigenschaften (07/2000). Teil 2: Luftschnittstelle und Initialisierung; Korrektur 1 (10/2001). Teil 3: Antikollisionsverfahren und Übertragungsprotokoll (04/2001). Teil 4: Derzeit in Erarbeitung (Entwurf) Extended command set and security features. Berlin: Beuth, 2000/2001
[29]	VDI 2515 Blatt 2	VDI 2515 - Blatt 2. Identträger in Stückgutfördersystemen - Mobile Datenspeicher. Berlin: Beuth, 1998
[30]	VDI 4470	VDI 4470. Warensicherungssysteme. Blatt 1: Kundenabnahmerichtlinie für Schleusensysteme. Blatt 2: Kundenabnahmerichtlinie für Deaktivierungsanlagen. Berlin: Beuth, 1997

Weitere, in Vorbereitung befindliche Normen

[1]	AIAG B11 RFID Draft	AIAG B11 RFID Draft. Tire and Wheel Identification, RFID and Label Standard. Michigan: AIAG, 2001
[2]	ANSI MH 10.8.4	ANSI MH 10.8.4. RF Tags for Unit Loads and Transport Packages (U.S. TAG Project). (ISO TC 122)
[3]	ISO 14223 Part 1 - Part 2	ISO 14223. Radio-frequency identification of animals - Advanced Transponders. Part 1: Air Interface. Part 2: Code and command structure. (ISO TC 23/WG19)
[4]	ISO 15960	ISO 15960. RFID for Item Management; - Transaction Message Profiles. (SC31 WG2/4).
[5]	ISO 15961	ISO 15961. RFID for Item Management; - Host Interrogator - Tag functional commands and other syntax features. (SC31 WG2/4).

[6]	ISO 15962	ISO 15962. RFID for Item Management; - Data Syntax. (SC31 WG2/4)
[7]	ISO/IEC 15693 Part 1 – Part 3	ISO/IEC 15693. Unique identification of RF Tag and Registration Authority to manage the uniqueness. Part 1: Numbering System. Part 2: Procedural Standard. Part 3: Use of the unique identification of RF Tag in the Integrated Circuit. (SC31 WG2/4)
[8]	ISO/IEC TR 18000	ISO/IEC TR 18000. RFID for item Management; Air Interface. Part 1: Generic Parameters for Air Interface Communication for Globally Accepted Frequencies. Part 2: Parameters for Air Interface Communication below 135 kHz. Part 3: Parameters for Air Interface Communication at 13.56 MHz. Part 4: Parameters for Air Interface Communication at 2.45 GHz. Part 5: Parameters for Air Interface Communication at 5.8 GHz. Part 6: Parameters for Air Interface Communication - UHF Frequency Band. (SC31 WG4/SG3)
[9]	ISO 18001	ISO 18001. Information technology - RFID for Item Management - Application Requirements Profiles (SC31 WG4)
[10]	PrENV 27819	PrENV 27819. Automatic identification of vehicles or freight.

Literatur

[1]	Achten, H.H. and Leeuwen, J.P. van	Feature-Based High Level Design Tools: A Classification. Proceedings of the 8th International Conference on Computer Aided Architectural Design Futures held in Atlanta, Georgia, USA on june 7-8, 1999.– http://www.ds.arch.tuc.nl/research/publications/henri/CF99AvL.html
[2]	Anderl, R. (Hrsg.)	STEP eine Einführung in die Entwicklung, Implementierung und industrielle Nutzung der Normenreihe ISO 10303 (STEP). Stuttgart: Teubner, 2000.– ISBN 3-519-06377-8
[3]	Finkenzeller, K.	RFID-Handbuch – Grundlagen und praktische Anwendungen induktiver Funkanlagen, Transponder und kontaktloser Chipkarten. 2. Auflage München: Carl Hanser, 1999.– ISBN 3-446-21278-7
[4]	Friess, G.	Beitrag zur Integration von Daten in den Informationsfluss entlang der Wertschöpfungskette. Universität Stuttgart, Dissertation, 2000

[5] Khattar, R.K., Murphy M.S., Tarella, G.J., Nystrom, K.E. — Introduction to Storage Area Network, SAN.
International Technical Support Organization.
IBM, 1999

[6] Köhler, W. — EMV-Prüfung im industriellen Umfeld.
Manuskript zum Vortrag vom 06.07.1995 im Rahmen des Seminars Mobile Datenspeicher (MDS) Einsatz in der Industrie.
Stuttgart: Universität, 1995

[7] Roos, H.J., Friess, G. — Einsatz standardisierter Datenträger für den warenbegleitenden Informationsfluss in betriebsübergreifenden Ver- und Entsorgungssystemen.
Zwischenbericht zu einem Forschungsvorhaben gefördert von der Stiftung Industrieforschung.
Stuttgart: IFT-LL, 1998.–IFT-LL-FB-12-01

[8] Roos, H.J., Friess, G., Coskun, S. — Einsatz standardisierter Datenträger für den warenbegleitenden Informationsfluss in betriebsübergreifenden Ver- und Entsorgungssystemen.
Abschlussbericht zu einem Forschungsvorhaben gefördert von der Stiftung Industrieforschung.
Stuttgart: IFT-LL, 1999.– IFT-LL-FB-12-02

[9] Schäfer, U. — Auto-ID-Systeme sind Mikrobausteine der Logistik.
In: Logistik im Unternehmen 3 (2002), S. 38-39

[10] Stricker, H. — Status einer Standardisierung von MDS.
Manuskript zum Vortrag vom 20.07.1995 im Rahmen des Seminars Mobile Datenspeicher (MDS) Einsatz in der Industrie.
Stuttgart: Universität, 1995

[11] Wiese, H. — Netzeffekte und Kompatibilität.
Stuttgart: C.E Poeschel, 1990.– ISBN 3-7910-0534-0

5.3 Kosten/ Wirtschaftlichkeit der RFID Systeme

5.3.1 Investitionskosten

Die Investitionskosten sollten sich nach kurzer Zeit (z.B. nach 12 Monaten) amortisiert haben.

5.3.2 Prozesskosten

Als Begründung zum Einsatz von Transpondern wurde mehrfach und auch von unterschiedlichen OEM die Erhöhung der Prozesssicherheit angegeben. Im allgemeinen kann gesagt werden, dass der Gesamtprozess durch den Einsatz von Transpondern günstiger werden muss.

Durch den Einsatz von Transpondern wird der Prozessablauf insgesamt transparenter. Ein einfacher Vergleich der Investitionskosten bisheriger Identifikationssysteme (z.B. Barcode) und der bei der RFID -Technik ist daher als Gesamtkostenbetrachtung nicht zulässig.

Die Gesamtkosten für die Identifizierung in der Fahrzeugproduktion wurden in der Produktion von der DCAG mit ca. 5,- € pro Fahrzeug angegeben. Bei passiven Transpondern könnte man daraus die Kosten pro Ladungsträgerumlauf für die Identifizierung ableiten (Schätzung der Kosten).

Für die Nachrüstung von LHM mit Transponder können etwa 15 min pro Anbringung am Behälter angesetzt werden (vgl. Ausarbeitung VW). Anhand solcher Zeit können die Kosten der Anbringung oder Nachrüstung von Transpondern an GLT genauer kalkuliert werden.

5.4 Erfahrungsberichte der einzelnen Unternehmen

5.4.1 Übersicht der Erfahrungsberichte

Die Daten der Erfahrungsberichte sind in den nachstehenden Tabellen der besseren Übersichtlichkeit halber nach folgenden Kategorien geordnet:

Für die OEM und separat für die RFID Hersteller:

- Applikation des Transponders am Behälter
- Belastung der Transponder
- Dateninhalte, Struktur, Sicherheit
- Datenübertragung in der Luftstrecke
- Equipment RFID Systeme
- Koexistenz, Kooperation
- Kosten/ Wirtschaftlichkeit der RFID Systeme
- Spielregeln für den Einsatz von RFID Systemen
- Sonstiges

Fragen	Firma Name	ESG Hr. Krampe	HUF Tools Hr. Schroter	Philips Hr. Jabri	Schreiner Hr. Tiedmann	Siemens Hr. Elbinger
2.1.1	Wie und wo wurde der RFID Transponder an den Ladungsträgern bei der Anwendung in Ihrem Hause appliziert?	Pakete, oben mit Smart Label.	An einem metallischen Warenträger mit Kunststoffaufbau. Der Transponder wurde in den Kunststoff eingebettet.	k.A.	Anbringung als Klebeetikett in waschbarer Ausführung mit programmierter Behälternummer, die zusätzlich als Barcode und Klartext auf dem Etikett aufgedruckt ist. Anbringung an der Stirnseite der Behälter (400x600mm).	Nur für Testzwecke und für Machbarkeitsstudien. Vorrangig KTL-Behälter aber auch Kunststoff-Boxen und Metall-Container.
2.1.2	War die Verbindung des Transponders am Behälter fest oder lösbar?	Fest aufgegeklebt .	Lösbar.	k.A.	Die Verbindung ist nicht lösbar und übersteht die Waschvorgänge in vollautomatischen Behälterwaschanlagen, ein entsprechendes Zertifikat liegt vor.	Sowohl als auch.
2.1.3	Wurden die Transponders am Behälter verschraubt oder vernietet?	geklebt	Geklemmt.	k.A.	Geklebt	Da nur zu Testzwecke, meist verklebt oder angeschraubt.
2.1.4	Werden in Ihrem Haus Transponder auch mit dem Ladungsträger verklebt? Wenn ja, welcher Kleber wird verwendet und gab es Unverträglichkeiten zwischen Klebersorten und Werkstoffen?	nein	Nein.	k.A.	Der Haftklebstoff wird immer an die jeweiligen Bedingungen des Klebgrundes angepasst. In unserem Haus stehen ca. 300-400 verschiedene Haftklebstoffe zur Verfügung, die eine optimale Anpassung an den Untergrund und die Anforderungen hinsichtlich Beständigkeit und Klebkraft erfüllen. Findet sich in diesem Spektrum nicht der entsprechende Haftklebstoff, kann dieser entwickelt werden. Für den relativ häufigen Fall der KLT-Behälter stehen verschiedene Haftklebstoffe zur Verfügung, die auf niedrigenergetische Untergründe optimiert sind. (z. B.: 3M 300LSE)	Bisher wurde meist doppelseitige Klebebänder verwendet.
2.1.5	Gibt es bei Ihnen Daten bezüglich der Fehlerrate von Schreib- /Lesevorgängen bei unterschiedlichen Einsatzfällen?	nein	Keine genauen Erhe- bungen. Die Erfolgsrate beim Schreiben oder Lesen von Daten liegt mit Sicherheit über 99%.	k.A.	(Auszugsweise) Grundsätzlich müssen hier systembedingte Fehler und Fehler die aus der nicht sachgerechten Anwendung heraus entstehen unterschieden werden. Systembedingte Fehler: Grundsätzlich sind keine Fehllesungen möglich ... Nicht sachgerechte Anwendung: Bei nicht sachgerechter Anwendung wird beispielsweise der Transponder von Metall beeinflusst und ist nicht mehr lesbar ... Im Konkreten Projekt gab es keine Schwierigkeiten mit Ausfällen bereits verklebter Transponder.	Ja. Bei Vereinzelung der Boxen und definiertem Abstand sind die Fehlerraten wesentlich kleiner 1*10-3 Bei Pulkerfassung (> 20 Boxen) ohne Metall kleiner 3 x 10-3 Bei Pulkerfassung (> 20 Boxen) mit viel Metall größer 2-10%
2.1.6	Können Aussagen über Kosten bzw. Zusatzkosten gegenüber der vorher verwandten Technik gemacht werden?	nein	Nein.	k.A.	Das Anbringen der Transponder entspricht dem der Barcodeetiketten, daher entstehen keine zusätzlichen Kosten. Bei Behältern, die sonst bei jedem Umlauf neu etikettiert werden sind die Auszeichnungskosten erheblich reduziert, bei gleichzeitiger Unverlierbarkeit der Etiketten.	Nein
	Bemerkungen				Pilotprojekt bei der Danzas: Ausstattung mehrerer Warenverteilzentren mit Lesegates und passiven Transpondern auf den Kunststoff-Mehrwegbehältern (ähnlich KLT). Technische Daten: - Etikett Größe 75x105mm - Antenne in Etikett 70x100mm - Philips I-Code 13,56 MHz Chip - Label ist waschbeständig in Behälterwaschanlagen	

Bild 33: Applikation des Transponders am Behälter (RFID Hersteller)

	Firma Name	ESG Hr. Krampe	HUF Tools Hr. Schröter	Philips Hr. Jabri	Schreiner Hr. Tiedmann	Siemens Hr. Elbinger
2.2.1	Welche Temperaturen herrschen im betrieblichen Umfeld der eingesetzten Transponder?	Normale Umweltbedingungen, -5°C bis 35°C	Bis 80°C.	k.A.	Im konkreten Fall ca. -10°C bis +80°C (im Fahrzeug). Bei Tests ist die Einsetzbarkeit von -20°C bis +140°C nachgewiesen worden. Für logistische Anwendungen ist dies als völlig unkritisch zu betrachten.	Temperaturbelastung normal: –25°C bis +55°C
2.2.2	Sind im betrieblichen Umfeld besondere Umgebungseinflüsse für den Einsatz von Transpondern zu beachten?	nein	Galvanische Flüssigkeiten.	k.A.	Feuchtigkeit ist kein Problem, da das Etikett mit dem Transponder dicht ist, eventuell ist die Lesbarkeit der Transponder eingeschränkt (Reichweite) da Feuchtigkeit eine dämpfende Wirkung auf die elektromagnetischen Wellen ausübt. Nach abtrocknen ist die volle Performance wieder vorhanden. Mit Feuchtigkeit ist hier ein beinahes unter Wasser stehen gemeint, das auch auf den Inhalt der Ladungsträger einen erheblichen negativen Einfluß hätte.	Betauung muss zulässig sein.
2.2.3	Elektromagnetische Verträglichkeit: Welche elektromagnetischen Störquellen sind im betrieblichen Umfeld zu erwarten? Wurden Messungen durchgeführt? Falls ja, stehen die Messergebnisse für diese Studie zur Verfügung?	nein	Keine Messungen dokumentiert.	k.A.	Keine Störungen durch die Stapler oder Wireless-LAN, da Elektromagnetisches Übertragungsverfahren im Nahfeld und keine Funkübertragung. Es sind auch keine Störungen der anderen Einrichtungen aufgetreten.	Im Lager- und Beladungsbereich gibt es wenige EM-Störer. Keine spezifischen Messungen vorhanden.

Bild 34: Belastung der Transponder (RFID Hersteller)

	Firma Name	ESG Hr. Krampe	HUF Tools Hr. Schröter	Philips Hr. Jabri	Schreiner Hr. Tiedmann	Siemens Hr. Elbinger
2.3.1	Welche Speicherkapazitäten haben die eingesetzten Transponder?	ICODE: 256 bit brutto, 144 bit netto	256 Byte	Hitag (125kHz): 2kbit ICode (13.56 MHz): 1kbit	Hier 384bit frei beschreibbarer Speicher, in dem eine Behälternummer abgelegt und gesperrt ist (I-Code). Die Transponder nach Norm ISO15693 sind derzeit in den Speichergrößen 800bit, 2kBit und 8kBit erhältlich, weitere Größen sind angekündigt. Ein Auslesen jeweils des ganzen Speichers ist nur unter Umständen sinnvoll, da sonst die Lesezeiten zu lang werden. In der hier eingesetzten Pulklesung der ganzen Paletten zur Überprüfung der Ladelisten ist dies z. B. überhaupt nicht notwendig	Üblicherweise ein einmaliger Festcode (vom Chip-Hersteller vergeben) plus Anwenderspeicher. Folgende Speichergrößen sind denkbar: 48 Zeichen; 128 Zeichen ; 512 Zeichen oder zukünftig 1 .000 Zeichen. Grundsätzlich schreib-/ lesbar.
2.3.2	Welche Speichertypen werden verwendet?	Schreib-/lesbar	Schreib-/lesbar.	EEPROM	Alle 13,56MHz Systeme arbeiten mit EEPROM, Schreib-/lesbar und einer fest codierten, einmaligen Seriennummer	Üblicherweise EEPROM
2.3.3	Wie sind Daten auf dem Speicher organisiert? Ist ein wahlfreier bit-/byteweiser Zugriff möglich? Werden Speicherbereiche beim Durchlauf mehrfach genutzt?	wahlfreier bit-/byteweiser Zugriff	Zugriff auf 4Byte oder 32Byte in einem Schreib-/Lesevorgang. Gleiche Speicherbereiche werden mehrfach verwendet.	Blockweise, z.B. 4 byte	Der Zugriff erfolgt blockweise, wie in der ISO 15693 beschrieben	Wahlfreier Zugriff ist wünschenswert. Speicherbereiche werden auch mehrfach genutzt.
2.3.4	Welche Software wird für die Anbindung des Schreib-/Lesegeräts an die EDV benötigt?	WIN-NT, eigene Steuersoftware, DLL des Reader-Herstellers	Serielle RS232 Schnittstelle an allen Betriebssystemen einsetzbar. Individuell programmierbar.	Software	Die Anbindung der Lesegeräte kann über Serielle Verbindungen, Feldbussysteme, Ethernet oder WirelessLAN erfolgen. Je nach Art der Anbindung ist das Lese-/Schreibgerät über wenige Befehle anzusprechen (5-20 je nach Typ). Für die Programmierung unter Windows stehen bei allen Herstellern Dll's zur Verfügung, die die Ansprache der Systeme weiter erleichtern.	Funktionsbibliotheken für SPS, Feldbussysteme und PC. EDV-Anbindung erfolgt immer Prozess abhängig.
2.3.5	Welche Software wird für die Anbindung an die zentrale EDV benötigt?	individuell programmiert	Individuell.	individuell programmiert	Da die Anforderungen der einzelnen Anwendungen sehr unterschiedlich sind, wird hier individuell programmierte Software eingesetzt.	So wohl als auch. Trend hin zum Standard.
2.3.6	Gibt es gesonderte Anforderungen an die Datensicherheit? Wenn ja, welche und durch welche Maßnahmen wurden die Anforderungen bisher erfüllt?	keine	Keine besonderen Anforderungen.	Sicherheit der Datenübertragung : CRC Redundanz der Daten : Unique ID Zugriffsschutz Lese- und Schreibschutz: Block sperren auf Read Only	Wenn dies gefordert ist, können Transponder mit Verkryptung eingesetzt werden. Im konkreten Fall ist der Transponder nur gegen ungewolltes Überschreiben der Behälternummer geschützt, in dem die entsprechenden Blöcke gesperrt wurden. Als Kopierschutz für die Transponderdaten kann auch eine Verschlüsselung auf Grund der einmaligen 64bit-Seriennummer vorgenommen werden.	Übertragungssicherheit und Datenintegrität sind unbedingt zu gewährleisten. Schutz gegen Manipulation nur in speziellen Ausnahmefällen gefordert. Schutzmechanismen kosten Verarbeitungszeit!

Bild 35: Dateninhalte, Struktur, Sicherheit (RFID Hersteller)

	Firma Name	ESG Hr. Krampe	HUF Tools Hr. Schröter	Philips Hr. Jabri	Schreiner Hr. Tiedmann	Siemens Hr. Elbinger
2.4.1	Welche Systeme (Hersteller und Typbezeichnung) werden in Ihrem Hause verwendet?	Midrange-Reader (ID ISC.MR100-A) + Antennen (A4 PAD) von FEIG GmbH	Eigenentwicklung 125kHz Reader unter Verwendung von Philips ABIC und HITAG. Und Philips Long Range Reader RM800 mit HITAG.	ICode, Hitag	Wir setzen Systeme aller namhaften Hersteller ein, Die Liste erhebt keinen Anspruch auf Vollständigkeit: Bancolini, Feig, GIS, IND, Moba, Scemtec, Symbol, etc.	MOBY E und MOBY D mit 13,56 MHz; MOBY F mit 125 kHz. Natürlich von Siemens.
2.4.2	Mit welchen Übertragungsfrequenzen arbeiten die von Ihrem Haus verwendeten RFID Systeme? Gibt es bereits Festlegungen auf Frequenzen in Ihrem Hause? Spielt Frequenzhopping eine Rolle?	Passiv 13,56MHz	125kHz passiv.	k.A.	Bei den derzeit in Europa zugelassenen passiven Systemen gibt es keine Unterscheidung zwischen den Daten- und Energieübertragungsfrequenzen. Eingesetzt werden von uns derzeit 13,56 MHz Systeme, für spezielle Anwendungen kommen auch 125kHz-Systeme in Frage. Andere Frequenzen wie 868MHz sind derzeit nur über Sondergenehmigungen und mit sehr geringen Feldstärken einsetzbar und somit für einen standardisierten Einsatz im industriellen Umfeld daher nicht sinnvoll. Grundsätzlich sind wir in der Lage auch Systeme in diesem Bereich anzubieten, wir werden dies aber nicht tun, bevor eine Standardisierung in der ISO 18000 erfolgt ist. Derzeit hat dies einen Zeithorizont von 5 bis 10 Jahren und ist daher für uns nicht relevant.	MOBY E und MOBY D mit 13,56 MHz; MOBY F mit 125 kHz; zuzüglich MOBY I mit 1,81MHz; alle passiv, ohne Frequenzhopping. MOBY U mit 2,45 GHz. Aktiv mit Frequenzhopping.
2.4.3	Welche Datenübertragungsraten nutzen Sie und von welche Übertragungsraten werden von den bei Ihnen eingesetzten Systemen erreicht?	2400 Baud/s	ca. 4kbit/s	ICode ISO 15693: 53 kbit/s Hitag : 4 kbit/s	Ca. 30kbit/s, Das entspricht bei der Pulklesung von 16 Tags einer Lesezeit von ca. 200-300ms für das Lesen der Seriennummern aller 16 Transponder. Auf Grund des Protokollaufwandes vergrößert sich die Lesezeit je Transponder mit der zunehmenden Anzahl der Transponder, die sich im Feld befinden.	Erreichbarer effektiver Datendurchsatz: MOBY F, 125 kHz: 150 Z./s Reichw.: 0,50 m MOBY D, 13,56 MHz: 200 Z./s ISO 15693 Reichw.: 0,80 m MOBY E, 13,56 MHz: 500 Z./s ISO 14443 Reichw.: 0,12 m MOBY I, 1,81 MHz: 1.200 Z./s Reichw.: 0,15 m MOBY U, 2,45 GHz 8.000 Z./s ISO 18000-4 Reichw.: 3,00 m
2.4.4	Wie groß sind die „sicheren" Schreib-/Lesereichweiten der eingesetzten Systeme? (in [m])	0,15 bis 0,18 m	Bis zu 0.45m.	k.A.	Ca. 1cm bis 100 cm mit Einzelantennen und bis ca. 170cm in Gate-Antennen. Dies ist jedoch sehr stark abhängig von den eingesetzten Antennen und Lesegeräten sowie den eingesetzten Antennengrößen im Etikett.	Siehe 2.4.3
2.4.5	Welche Übertragungsprotokolle werden verwendet?	herstellerabhängig	Manchester & Bitphase Code.	k.A.	Herstellerabhängig I-Code und Tag-It, sowie ISO 15693 Protokoll für die neuen Systeme	Bei MOBY E,D und U nach ISO-Norm Prüfsumme und Blockwiederholung im Fehlerfall. Teilweise auch mit ECC oder Ähnlichem.
2.4.6	Wie wird eine sichere Datenübertragung gewährleistet?	Mehrfachlesung	Checksummen über die Nutzdaten am Ende des Telegramms.	k.A.	Mehrfachlesungen werden über das Protokoll erkannt, das auch Kontrollfunktionen ausübt. Frequenzhopping wird in passiven Systemen nicht eingesetzt (von keinem Hersteller)	k.A.
2.4.7	Wie war die Zuverlässigkeit und die Verfügbarkeit der Datenübertragung in der Luftstrecke? oder: Wie groß war der Anteil von Gut-Lesungen, von fehlerhaften Lesungen und von Nicht Lesungen an den durchgeführten Lesungen (Fehlerraten)?	Keine Angaben	Siehe 2.1.5 . Keine genauen Erhebungen. Die Erfolgsrate beim Schreiben oder Lesen von Daten liegt mit Sicherheit über 99%.	k.A.	Siehe 2.1.5	k.A.

Bild 36: Datenübertragung in der Luft (RFID Hersteller)

	Firma Name	ESG Hr. Krampe	HUF Tools Hr. Schröter	Philips Hr. Jabri	Schreiner Hr. Tiedmann	Siemens Hr. Elbinger
2.5.1	Was für Bauweisen, Abmessungen, Gewichte und IP-Schutzklassen haben die in Ihrem Haus eingesetzten RFID Systeme?	Transponder: ICODE von Philips SLG: Midrange-Reader von FEIG	Bis IP62.	k.A.	Abhängig vom Kundenwunsch	k.A.
2.5.2	Wie wird das RFID System bedient?	Reader werden durch Steuersoftware aktiviert.	Festinstallation	k.A.	Abhängig vom Kundenwunsch	k.A.
2.5.3	Wie ist das bei Ihnen eingesetzte RFID System an die EDV / Steuerungstech-nik angebunden?	Serielle Verbindung von Reader zu PC	RS232 Schnittstelle individuell programmiert.	k.A.	Siehe 2.3.4	k.A.
2.5.4	Welche Spannungsversorgung benötigen die RFID Systeme?	12 V DC	9-24V	k.A.	230V, möglichst frei von Störungen über das Stromnetz, daher eventuell mit Filter	k.A.
2.5.5	Welche Lebensdauer haben die Transponder im Einsatz erreicht?	Keine Angaben	Keine Erhebung.	10 Jahre Datenerhalt	Bisher keine systematischen Ausfälle	k.A.
2.5.6	Was für Schreib-/Lesegeräte werden bei Ihnen eingesetzt?	Testaufbauten, fest installiert	Fest installiert.	k.A.	Alle Arten, siehe 2.4.1, 2.5.1 und 2.5.2	k.A.
2.5.7	Werden Mehrfachantennen oder Antennenportale eingesetzt? Wenn ja, gibt es Regeln für die Anordnung der Antennen?	nein	Gateantenne mit gleichsinnigem Wicklungssinn.	k.A.	Abhängig von der Anwendung, im Falle des Projekts Danzas werden Gate-Antennen eingesetzt	k.A.
2.5.8	Welche Mobile Datenspeicher/Transponder verwenden Sie?	ICODE (Philips) 256 bit, 5x10 cm my D (Infineon) 1kByte, 5x10 cm	HITAG1 und HITAG2 Philips	k.A.	Siehe 2.3.1, 2.3.2 und 2.3.3	k.A.
2.5.9	Werden in Ihrem Hause auch Folientransponder eingesetzt? Wenn ja, aus welchen Folienmaterial und Leitermaterial bestehen diese und mit welchem Kleber wurden die Transponder verklebt?	Ja, Fertigprodukte von der Firma Schreiner und KSW	Nein, bisher keine Anwendung.	k.A.	Siehe 2.1.4	k.A.
2.5.10	Welche Betriebsstundenleistung wird von dem verwendeten RFID System erbracht?	Keine Angaben	2-Schichtbetrieb 16Stunden tägl.	k.A.	Einsatz während der gesamten Betriebszeit	k.A.

Bild 37: Equipment RFID Systeme (RFID Hersteller)

	Firma / Name	ESG Hr. Krampe	HUF Tools Hr. Schröter	Philips Hr. Jabri	Schreiner Hr. Tiedmann	Siemens Hr. Elbinger
2.6.1	Wurden in Ihrem Hause bereits EMV Messungen durchgeführt? Wenn ja, welche Ergebnisse wurden erreicht? Ist die Dokumentation für das IFT-LL Verfügbar?	nein	Nein.	k.A.	Keine EMV- Messungen, da keine Störungen aufgetreten. Die eingesetzten Schreib-/Lesegeräte sind zugelassen, deshalb auch keine Messungen durch uns notwendig.	Ja; gegen die Veröffentlichung sprechen oft Kundeninteressen.
2.6.2	Gibt es typische elektromagnetische Störquellen in Ihrem betrieblichen Umfeld?	nein	Funktelefone.	k.A.	Nein, grundsätzlich können aber elektromagnetische Felder unter Umständen eine Anschirmende Wirkung haben.	EM –Störer üblicherweise Servo-Antriebe, Schaltnetzteile, Zeilentrafo etc. Mitnutzer: Wireless LAN, ECOS-Systeme; Bluetooth ist noch nicht verbreitet anzutreffen.
2.6.3	Gibt es Systeme in Ihrem Betrieb, die durch die RFID Systeme gestört wurden? Falls ja, welche und wie äußern sich die Störungen und wie wurden sie beseitigt?	nein	Nicht bekannt.	k.A.	Nein, keine Störung durch die RFID-Anlagen bei unseren Kunden aufgetreten.	Nein.
2.6.4	Welche Dispositionssysteme für Material, das in Ladungsträgern gelagert wird, verwenden Sie?	Keine Angaben	k.A.	k.A.	Alle Varianten denkbar, abhängig von der Anwendung	Nicht bekannt.

Bild 38: Koexistenz, Kooperation (RFID Hersteller)

	Firma / Name	ESG Hr. Krampe	HUF Tools Hr. Schröter	Philips Hr. Jabri	Schreiner Hr. Tiedmann	Siemens Hr. Elbinger
2.7.1	Welche Überlegungen führten in Ihrem Hause zum Einsatz von RFID-Systemen?	Tests, Erprobungen	Bessere Steuerung von Fertigungsabläufen.	k.A.	Grundsätzlich ist ein RFID-System dann wirtschaftlich, wenn die orginären Funktionen eines Transponders zumindest teilweise eingesetzt werden: -Programmierbarkeit -Wiederbeschreibbarkeit -Lesen ohne Sichtkontakt -Pulklesen	Fehlervermeidung, Transparenz und Aktualität der Vorgänge, Automatisierung, Prozessvereinfachung.
2.7.2	Können Sie die Vorteile von RFID Systemen für Ihr Haus klassifizieren?	Keine Angaben	Durch Einführung der Transpondertechnik wurde die statistische Erfassung der Verfügbarkeit und Produktivität bestimmter Produktionslinien erst möglich. Eine verbesserte Datenerfassung führt dabei wenn nötig zu besseren Eingreifmöglichkeiten .	k.A.	Danzas: Schnelles Erfassen der Paletten bei der Verladung, Reduzierung der Identifikationskosten	Kostenersparnis und Fehlervermeidung, Vermeidung von Nachverabeitung. Verbesserung der Auslieferqualität.
2.7.3	Lässt sich der Nutzen von RFID quantifizieren oder ergeben sich vor allem qualitative Vorteile?	Keine Angaben	Leichtere Informationsweitergabe bessere Fehlererfassung usw.	k.A.	Grundsätzlich ergeben sich qualitative und quantitative Vorteile, diese können aber nur von unseren Kunden quantifiziert werden. Zahlen die uns bekannt sind, unterliegen der Vertraulichkeit.	Siehe 2.7.2

Bild 39: Kosten und Wirtschaftlichkeit (RFID Hersteller)

	Firma / Name	ESG Hr. Krampe	HUF Tools Hr. Schröter	Philips Hr. Jabri	Schreiner Hr. Tiedmann	Siemens Hr. Elbinger
2.8.1	Gibt es bereits bi- oder multilaterale Vereinbarungen für den Einsatz von RFID Systemen zwischen der Zulieferindustrie und Ihrem Unternehmen?	Keine Angaben	Nein.	k.A.	Derzeit nur Projektabhängig zu definieren.	Bei mehreren Firmen Ja, aber im Detail nicht bekannt.

Bild 40: Spielregeln (RFID Hersteller)

	Firma Name	ESG Hr. Krampe	HUF Tools Hr. Schröter	Philips Hr. Jabri	Schreiner Hr. Tiedmann	Siemens Hr. Elbinger
2.9.1	Wie weit ist ein einheitliches RFID System in Ihrem Unternehmen eingeführt?	Konzeption, Versuch	Kein einheitliches ID-System vorhanden.	k.A.	Schreiner ist Kompetenter Hersteller von Transponderetiketten aller Art. Dieses sind mit allen im Haus verfügbaren Technologien wie beispielsweise Sicherheitsmerkmalen und Laserfolien kombinierbar.	Vorwiegend dedizierte Insellösungen. Eignung zum jeweiligen Prozess hat Vorrang.
2.9.2	Welche Überlegungen führten zum Einsatz von RFID Systemen in Ihrem Unternehmen?	Keine Angaben	Verbesserung der Steuerung von Fertigungsabläufen.	k.A.	Grundsätzlich wird jedes Projekt hinterfragt und nur Projekte die nicht mit anderen Technologien teurer oder nicht sinnvoll machbar wären mit Transpondern gelöst.	Kostensenkung und Transparenz.
2.9.3	Was geschieht mit defekten Transpondern?	Entsorgung	Sie werden ersetzt.	k.A.	Bei uns findet eine 2-Stufige Warenausgangskontrolle statt. Ausgeliefert werden 100% Gutteile. In der Anwendung ist die Defektrate derzeit so gering, dass sie für uns nicht messbar ist. Diese Teile werden ausgetauscht.	Einzelausfälle werden entsorgt. Mehrfachausfälle werden analysiert.
2.9.4	Gibt es die Möglichkeit die Batterie zu wechseln? Wenn ja, wurden auch bereits Konzepte für den Batteriewechsel erarbeitet?	nein	k.A.	k.A.	Passive Transponder haben keine Batterien	Bei den in der Logistik üblichen passiven Identsystemen nicht notwendig.
2.9.5	Wie wurde die Anordnung Schreib-/Lesegerät-Antenne konzipiert?	Durch praktische Erprobung	Anwendungs- und Ortsabhängig	k.A.	Kundenindividuell, siehe oben	Nach Projektierungsrichtlinien des Herstellers.
2.9.6	Wie wurden die „Schaltgrenzen" gemessen? (D.h. wann und wie wird ein Transponder vom SLG erkannt?	Durch praktischen Versuch	Versuche an den Anbringungsorten bei physikalisch schwierigen Verhältnissen, ansonsten im Labor. Jeweils mit typischen Kaufteilen (Transpondern).	k.A.	Die Ausdehnung des Lesefelds und dessen Dichte ist bei passiven Transpondern entscheidend. Dies kann mit entsprechender Messtechnik, die bei uns im Haus vorhanden ist, gemessen werden.	Nach Herstellerdaten. Nur im Problemfall erfolgt eine Überprüfung.
2.9.7	Welcher IP-Schutzklasse gehören die Transponder an? Welche IP-Schutzklasse wird von Ihnen gefordert?	Keine Angaben	IP65	k.A.	Beanspruchung nach Kundenanforderung bis hin zum vollständig in Kunstharz eingegossenen Transponder.	Üblicherweise IP67 und höher.
2.9.8	Wie stellen Sie sich den Einsatz von Transpondern an bestehenden Behältern vor?	Keine Angaben	Feste Anbringung z.B. durch kleben. Einrichtung von Schreib-/ Leseeinrichtungen an relevanten Punkten im Warenfluss, dies ist individuell festzulegen.	k.A.	Wie bereits dargestellt können wir uns nur eine Klebelösung vorstellen, da nur sie auch zur Nachrüstung und Beschriftung zu vertretbaren Kosten in Frage kommt. Denkbar sind System, die eine Pulkerfassung der Behälter ermöglichen, in dem sie Vorgaben für die Anbringung der Etiketten an den jeweiligen Seiten der Behälter beinhalten. Damit wird eine Erkennbarkeit im Gate sichergestellt. Das Lesen der Transponder in Förderanlagen ist auf Grund der geringen Entfernungen in zwangsgeführten Anlagen als unkritisch zu betrachten.	In Wechsellaschen oder aufgeklebt.
2.9.9	Gibt es bereits Überlegungen über Service Konzepte hinsichtlich nicht werksinterner Kreisläufe?	Keine Angaben	Nein.	k.A.	Grundsätzlich kann bei Umlaufsystemen mit Dienstleistern der Umlauf wesentlich besser gesteuert werden, da sich der jeweilige Status des Behälters direkt abfragen lässt. Damit sind viele neue Steuerungsmöglichkeiten gegeben, die den Behälterumlauf effektiver machen können.	Nicht bekannt.

Bild 41: Sonstiges (RFID Hersteller)

Fragen	Firma Name	DCAG Renz und Rendich	VDO Pflüger	BMW Kabelbaum	BMW Karosserie	BMW Regensburg	VW Pelich
2.1.1	Wie und wo wurde der RFID Transponder an den Ladungsträgern bei der Anwendung in Ihrem Hause appliziert?	Anbringung des Datenspeicher OIS-P der Fa. Baumer Ident an den Karossen der Typen C-Klasse, E-Klasse und S-Klasse in den Bereichen Rohbau und Lackierung. Ausnahme: C-KLasse im Rohbau am Skid. Maybach-Fertigung in der Lackierung mit Datenspeicher am Skid.	2x als Etikett im Hohlraum unserer Kunststoff-paletten	Die Kabelbäume der Fahrzeuge werden in Taschen , in denen ein Transponder eingenäht ist, angeliefert	Normale Raumtemperatur	Keine direkte Befestigung am Ladungsgut sondern an universellen Transportpaletten (Systempaletten Moby-E für den Transport von max. 2 Gitterboxabmessungen in der Fläche), Für die Fahrzeugidentifikation werden Transporttraversen mit montierten Datenträgern verwendet (System TIRIS), Für weitere Transportsysteme (Elektrohängebahn – EHB, werden PREMID, MobyM, Balluff) verwendet. Die Montage erfolgt immer am Transportmittel.	Je nach Anwendung ist der Anbringungsplatz des Transponders zu prüfen. Bei Spezialbehäl-tern ist eine allgemein gültige Anbringung (zumindest bei VW) derzeit nicht möglich. Daher werden die Verbauungsorte in Abstimmung mit den Fachbereichen und dem Transponder-Hersteller gewählt. Voraussetzungen für einen Verbauungsort sind: Erreichbarkeit des Verbauungsortes bei nachträglicher Ausrüstung, Lesbarkeit des Transponders aus verschiedenen Lagen, Sicherheit der Position (Schutz vor Staplern, etc.). Derzeit sind Überlegungen im Gange, in die vorhandenen Klemmbretter die Transponder zu integrieren. Bei dem derzeit ausgerüsteten Spezialbehälter ist die Anbringung mittig von unten an den oberen Querholm erfolgt.
2.1.2	War die Verbindung des Transponders am Behälter fest oder lösbar?	Lösbar	Klebeetikett; nicht mehr zugänglich	Eingenäht also lösbar	keine	Bei den oben dargestellten Lösungen erfolgt immer eine feste Verbindung mittels Verschraubung	Die Verbauung selber findet unter Verwendung von Nieten statt. Schraubungen sind, da potentielle Abschraubgefahr besteht, nicht geeignet. Somit sind diese Verbindungen grundsätzlich zwar lösbar (z.B. durch Aufbohren), aber i.d.R. stabil.
2.1.3	Wurden die Transponders am Behälter verschraubt oder vernietet?	Mit Halter eingehängt oder an Karosse verschraubt	Klebeetikett; nicht mehr zugänglich	nein	Wenn die SLG nach den Aufbaurichtlinien des Herstellers aufgestellt werden, dann existieren keine Störungen	Bei den oben dargestellten Lösungen erfolgt immer eine feste Verbindung mittels Verschraubung.	Derzeit nicht.
2.1.4	Werden in Ihrem Haus Transponder auch mit dem Ladungsträger verklebt? Wenn ja, welcher Kleber wird verwendet und gab es Unverträglichkeiten zwischen Klebersorten und Werkstoffen?	Nur verschrauben an Halter oder Karosse	Nicht bekannt (Etiketten- und Palettenherst eller wählten aus)	nein	nein	In der Montage Werk 6.1 werden keine Transponder verklebt, es existiert hier auch keine Planung. Bei der automatisierten Verklebung von Auftragszetteln an die Karosserie mittels Roboter bestanden jedoch erhebliche Verträglichkeitsprobleme auf frischer Lackierung.	Der gewählte Verbauungsort ermöglichte eine Erfassungsquote von mehr als 99,7% aus dem laufenden Betrieb heraus (Preßwerk, Lager, Rohbau). Der verwendete Spezialbehälter besteht aus Metall. Tests mit anderen Konstruktionsmaterialien sind nicht erfolgt, da o.B.d.A metallene Objekte die größten (Funk-)technischen Probleme aufwerfen.
2.1.5	Gibt es bei Ihnen Daten bezüglich der Fehlerrate von Schreib-/Lesevorgängen bei unterschiedlichen Einsatzfällen?	Statistische Auswertungen werden geführt	Noch nicht im Einsatz	Nein, es kann jedoch vorkommen, dass Transponder aufgrund Ihrer Lage zum SLG nicht richtig gelesen werden können	Es gibt keine genauen Daten, das Fehleraufkommen liegt im Promill Bereich	Geringe Fehlerhäufigkeit <1 / 1000 für Schreiben. Beim Lesen < 1/10000. Meist sind Lesefehler durch einen erneuten Leseanstoß nicht erkennbar.	Die Kosten für die Anbringung hängen stark von der beauftragten Firma ab. Im Rahmen der Ausrüstung der Spezialbehälter bei VW sind jedoch zeitlich pro Behälter 15 Minuten angesetzt und eingehalten worden. Anhand dieser Information können die entsprechenden Kosten kalkuliert werden.
2.1.6	Können Aussagen über Kosten bzw. Zusatzkosten gegenüber der vorher verwandten Technik gemacht werden?	Ca. 10 DM Gesamtkosten für die Identifizierung pro Fahrzeug. Kein Vergelcih zum vorherigen System vorhanden.	Keine Zusatzkosten	nein	--?	Wirtschaftlichkeit ca. 20 % bei Entfall von Transponderhandling. Keine Untersuchung für den Einsatz von Transpondern – technische Notwendigkeit.	k.a
	Bemerkungen					Grundinformation über die eingesetzte Transpondertechnik:Transponder im Fußboden zur Fahrkursidentifikation von Fahrerlosen Transport Systemen (FTS), Transponder auf Systempaletten um Warenströme automatisiert zu lenken (Voraberkennung über teure Barcodeerkennung dann nur mehr Transpondertechnik), Transponder an Transporttraversen um Fahrzeuge im Ablauf automatisiert zu erkennen, Transponder an Transportgehängen für Türen, I-Tafel, Türverkleidung, Abgasschalldämpfe, Sitze, Frontend usw	

Bild 42: Applikation des Transponders am Behälter (OEM).

	Firma Name	DCAG Renz und Rendich	VDO Pflüger	BMW Kabelbaum	BMW Karosserie	BMW Regensburg	VW Pelich
2.2.1	Welche Temperaturen herrschen im betrieblichen Umfeld der eingesetzten Transponder?	-20°C bis +200°C	–10°C bis +40°C	Von Raumtemperatur bis hin zu Aussentemperaturen, die während des Transportes auftreten	Normale Raumtemperatur	Normale Umgebungstemperaturen +10 bis +30 Grad Celsius. Bei Ausseneinsatz –30 bis +40 Grad Celsius	Die Behälter durchfahren keine speziellen Stätten wie z.B. Lack, o.ä., sondern sind im normalen (Inner-) Werksverkehr eingesetzt. Daraus resultieren die üblichen umweltbedingten Einflüsse unserer Breiten auf die Transponder. Der Arbeitstemperaturbereich, der abgedeckt werden muß, beginnt bei ca. -10°C und geht bis ca. 85-90°C (bei längerer direkter Sonnen-einstrahlung).
2.2.2	Sind im betrieblichen Umfeld besondere Umgebungseinflüsse für den Einsatz von Transpondern zu beachten?	Lackverträglichkeit, absolute Dichtheit, resistent gegen Öle, Benzine, Lösungsmittel usw., wasserdicht	Etikett befindet sich im geschlossenen Innenraum der Paletten	nein	keine	Feuchtigkeit im Aussenbereich. Erschütterungen im Transportbereich > 2g.	Diese Betrachtung hängt von dem geplanten Einsatzfeld ab. Sind besondere Stellen zu durchfahren (wie beispielsweise Lack), dann können zusätzlich zu den bekannten umweltbedingten Einflüssen weitere Anforderungen entstehen. Hinsichtlich der Anbringung an Spezialbehältern ist (bei VW) damit jedoch derzeit nicht zu rechnen.
2.2.3	Elektromagnetische Verträglichkeit: Welche elektromagnetischen Störquellen sind im betrieblichen Umfeld zu erwarten? Wurden Messungen durchgeführt? Falls ja, stehen die Messergebnisse für diese Studie zur Verfügung?	Schweißroboter mit Zuleitungen, Antriebe mit Zuleitungen, Elektrostatische Lackierung. Keine Mesergebnisse vorhanden	Noch nicht im Einsatz	--?	Wenn die SLG nach den Aufbaurichtlinien des Herstellers aufgestellt werden, dann existieren keine Störungen	Die eingesetzte System (Induktiv bis HF) sind industrietauglich ohne Ausfall durch EMV bzw. durch die technische Auslegung (Schreib-/Lesewiederholung) EMV-tolerant .	Da die Behälter u.a. die Versorgung des Rohbaus sicherstellen, sind alle maßgeblichen Beeinträchtigungen durch Schweißen, fahrerlose Transportsysteme, Schraubersteuerungen, etc. zu erwarten. Hinzu kommen in einigen der Lagerbereiche installierte WLAN-Systeme.

Bild 43: Belastung der Transponder (OEM)

	Firma Name	DCAG Renz und Rendich	VDO Pflüger	BMW Kabelbaum	BMW Karosserie	BMW Regensburg	VW Pelich
2.3.1	Welche Speicherkapazitäten haben die eingesetzten Transponder?	8 kByte frei programmierbar	Noch nicht bekannt: Transponder sind „Geschenk" des Palettenherstellers. Ein Einsatz ist erst in ca. 2 Jahren vorgesehen	512 Byte	752 KB Anwenderspeicher; 4Byte Festcode als Seriennummer	10 Bit bis 1024 Bit	Die derzeit verwendeten Transponder bieten eine Speicherkapazität von 8 Kbyte.
2.3.2	Welche Speichertypen werden verwendet?	RAM, schreib-/lesbar	Schreib- und lesbar	Eprom	Eprom	Alle Arten von Speicher incl. Festcodierung durch Lieferanten bzw. Drahtbrücken.	Der zur Verfügung stehende Speicher ist RAM.
2.3.3	Wie sind Daten auf dem Speicher organisiert? Ist ein wahlfreier bit-/byteweiser Zugriff möglich? Werden Speicherbereiche beim Durchlauf mehrfach genutzt?	Im Filesystem organisiert, freier byteweiser Zugriff möglich, Mehrfachnutzung von Speicherbereichen	Noch nicht bekannt: Transponder sind „Geschenk" des Palettenherstellers. Ein Einsatz ist erst in ca. 2 Jahren vorgesehen	Byteweiser Zugriff möglich	Byteweiser Zugriff (16Byte Blockorg.)	Freier Zugriff möglich, Mehrfachbeschriftung möglich.	Grundsätzlich ist der Speicher als Flat-Memory ausgelegt und somit ein Byte bzw. dementsprechend auch Bitweiser Zugriff möglich. Um mit späteren Applikationen nicht zu kollidieren, ist eine (virtuelle) Aufteilung des Transponder-Speichers bei VW vorgenommen worden. Dazu sind die ersten 256 Bytes des Speichers (ähnlich dem Boot-Sektor einer Festplatte) als Online-Datenblock reserviert worden. Das zweite Segment steht voll als Flat-Memory zur Verfügung. Eine mögliche Nutzung dieses Segmentes könnte die Anlegung eines restriktiven File-Systems sein, welches ohne Unterverzeichnisse und mit fester Namensgebung (z.B. DOS 8+3) auskommt. Bei einer Aufteilung des Speichers in 64Byte große Speicherblöcke ist auch eine FAT bestehend aus 8 Bytes zur Verwaltung denkbar. Das „File-orientierte" Lesen und
2.3.4	Welche Software wird für die Anbindung des Schreib-/Lesegeräts an die EDV benötigt?	Schnittstellentreiber 3964R für alle Anbindungen (SPS, PC), Betriebsysteme: OS2 und Windows NT, Funktionsbausteine für Kopplung an SPSen	Noch nicht bekannt: Transponder sind „Geschenk" des Palettenherstellers. Ein Einsatz ist erst in ca. 2 Jahren vorgesehen	Hersteller eigene	SLG zugehörige STandardsoftware	In der Regel sind Treiber für Windows-Applikationen vorhanden. Für Automatisierungsgeräte werden universelle Treiber verwendet, die bei Industrieeinsatz vom Hersteller kostenlos erstellt werden.	Die Schreib-/Lesestation, die VW einsetzt, bietet neben RS232 und paralleler Schnittstelle die Möglichkeit, über Ethernet (TCP/IP) oder bestimmte Feldbusse (Interbus-S, CAN-Bus, etc.) angesprochen zu werden.
2.3.5	Welche Software wird für die Anbindung an die zentrale EDV benötigt?	Individuell für alle Systeme (PC, SPS)	Noch nicht bekannt: Transponder sind „Geschenk" des Palettenherstellers. Ein Einsatz ist erst in ca. 2 Jahren vorgesehen	Hersteller eigene	??	In der Regel wird Software für zentrale EDV mitgeliefert. Für Automatisierungsgeräte wird eine Anwendungsspezifische Lösung erstellt (Hilfestellung durch Hersteller).	VW hat eine Middleware entwickelt, die die Infrastruktur der RFID-Technologie von der bestehenden Systemwelt entkoppelt. Diese Middleware stellt übergeordneten Systemen mittels SQL eine auf breiter Basis verwendbare Schnittstelle zur Verfügung.
2.3.6	Gibt es gesonderte Anforderungen an die Datensicherheit? Wenn ja, welche und durch welche Maßnahmen wurden die Anforderungen bisher erfüllt?	Stark eingegrenzter Personenkreis der die Möglichkeit hat mit Handlesegeräten die Daten zu ändern. Bisher keine Störversuche oder unerlaubte Eingriffe. Datensicherheit auf serieller Übertragungsstrecke durch 3964R-Protokoll	k.a	Über Prüfsummen kann die Übertragungsqualität gewährleistet werden. Dies wird über die Hersteller Software abgedeckt	Die Sicherheit der Datenübertragung wird durch softwareseitige CRC-Prüfsummen realisiert	Verwendung Parity-Bit und Mehrfachlesung als Vergleichsprüfung	Die Datensicherheit wird bei bestehender Verbindung zwischen der Middleware und den Schreib-/Lesestationen über das TCP/IP Protokoll gewährleistet. Bei Ausfall der Verbindung sichern beide Seiten die Nachrichten bis zur Wiederherstellung einer Verbindung zwischen. Je nach gewünschten Service Levels wird die Datenbank selber durch geeignete Maßnahmen (Backup) gesichert. Der Zugriff auf die Informationen ist mit Hilfe spezieller User-Rechte und der Einführung einer 3-Tier Architektur geregelt. Hinzu kommt, daß der Zugriff auf die Daten selbst nur bestimmten eingetragenen Benutzern des Systems erlaubt ist. Die Erteilung dieser Rechte wird zentral vorgenommen

Bild 44: Dateninhalte, Struktur, Sicherheit (OEM)

Firma Name	DCAG Renz und Rendich	VDO Pflüger	BMW Kabelbaum	BMW Karosserie	BMW Regensburg	VW Pelich
Welche Systeme (Hersteller und Typbezeichnung) werden in Ihrem Hause verwendet?	wärmefester OIS-P PC3105 von Baumer Ident mit PC3140 Schreib-Lese-Gerät	Noch nicht bekannt: Transponder sind „Geschenk" des Palettenherstellers. Ein Einsatz ist erst in ca. 2 Jahren vorgesehen	Siemens Moby –L	Siemens MOBY E	Ca. 10 verschiedene Systeme für Fördertechnische Anlagen (siehe oben – ohne Typbezeichung)	Im Bereich der aktiven Systeme kommen Geräte und Transponder der Firma Identec zum Einsatz.
Mit welchen Übertragungsfrequenzen arbeiten die von Ihrem Haus verwende-ten RFID Systeme? Gibt es bereits Festlegungen auf Frequenzen in Ihrem Hause? Spielt Frequenzhopping eine Rolle?	2,45 GHz; Keine Festlegungen bezüglich Frequenzen; Frequenzhopping nur bei Geräten neuerer Bauart	s.o.	1,5 MHz, passive Systeme	13,56MHz (Daten und Energie), keine allgemeinen Festlegungen im Unternehmen	Frequenzplan ist bekannt -> Entwicklung auf Grund der Reichweiten meist unproblematisch. (Induktiv und HF-Übertragung im Einsatz – Reichweite max. 30-50cm)	(Aktive und passive Systeme, also mit und ohne Stützbatterie im Transponder. Bei passiven Systemen Unterscheidung in Frequenz der Daten- und Energieübertragung). VW hat sich nach langen und gründlichen Untersuchungen zugunsten des noch relativ jungen ISM-Bandes von 868 MHz entschieden. Hinsichtlich des Einsatzes passiver Transponder gibt es eine Vereinbarung, nach der Systeme im 13,56 MHz Bereich zum Einsatz gelangen sollen.
Welche Datenübertragungsraten nutzen Sie und von welche Übertragungsraten werden von den bei Ihnen eingesetzten Systemen erreicht?	siehe technische Unterlagen Hersteller	s.o.	??	Je nach System, bei MOBY E >=2,8ms/Byte	9600 Bit/s – Rest unbekannt)	Die erreichten Datenraten liegen derzeit bei ca. 100Kbaud.
Wie groß sind die „sicheren" Schreib-/Lesereichweiten der eingesetzten Systeme? (in [m])	Wir haben Abstände zwischen 20 cm und 1,50 m realisiert.	Laut Hersteller 1,8m	Grenzabstand: bis 30-50mm, Arbeitsabstand: bis 20-40 mm	50mm	30 – 50 cm	Im Normalfall sind Schreib-/Lesungen bis ca. 60 m möglich. Unter idealen Bedingungen sind sogar Reichweiten bis über 100m zu finden.
Welche Übertragungsprotokolle werden verwendet?	herstellerabhängig	Noch nicht bekannt: Transponder sind „Geschenk" des Palettenherstellers. Ein Einsatz ist erst in ca. 2 Jahren vorgesehen	??	??	vollduplex	Derzeit ist das Luftprotokoll herstellerbedingt und proprietär.
Wie wird eine sichere Datenübertragung gewährleistet?	siehe Herstellerangaben	s.o.	s.o.	Siehe oben Prüfsummenbildung	Parity-Bit, Mehrfachlesung	Das von Identec verwendete Luftprotokoll sichert Fragen wie Mehrfachlesungen, Pulkerkennung und Datensicherheit bei der Übertragung.
Wie war die Zuverlässigkeit und die Verfügbarkeit der Datenübertragung in der Luftstrecke? oder: Wie groß war der Anteil von Gut-Lesungen, von fehlerhaften Lesungen und von Nicht Lesungen an den durchgeführten Lesungen (Fehlerraten)?	durchschnittliche Fehlerraten: kleiner 0,1%	s.o.	Keine Aufzeichnungen über Gut und Nicht Lesungen	Sehr selten	Zuverlässigkeit und Verfügbarkeit nahe 100%. Fehlerrate nicht statistisch erfasst.	k.a.

Bild 45: Datenübertragung in der Luft (OEM)

	Firma Name	DCAG Renz und Rendich	VDO Pflüger	BMW Kabelbaum	BMW Karosserie	BMW Regensburg	VW Pelich
2.5.1	Was für Bauweisen, Abmessungen, Gewichte und IP-Schutzklassen haben die in Ihrem Haus eingesetzten RFID Systeme?	siehe Datenblätter	Noch nicht bekannt: Transponder sind „Geschenk" des Palettenherstellers. Ein Einsatz ist erst in ca. 2 Jahren vorgesehen	85,8*54,1*2,5 mm	MOBY E: IP67; ca 21g,85,8*54,8*2,5mm, SLG: 051kg; siehe Siemens Moby Handbuch	Moby E, M: siehe Siemens; Premid:Datenträger ca. 70x40x15mm Lesegerät ca. 300x300mm; Tiris:siehe Fa. Gercom / Texas-Instruments Datenträger 30mm Länge bei ca. 8mm Durchmesser Lesegerät ca. 300x300mm	Die Transponder haben je nach Einsatzgebiet unterschiedliche Formen. Vom Gewicht her sind sie jedoch relativ dicht beieinander. Im Durchschnitt liegt das Gewicht bei ca. 200-300 Gramm.
2.5.2	Wie wird das RFID System bedient?	In der Hauptsache Festinstallationen mit automatischem Ablauf. Für Nachbeschriftungen sparate Station mit Tastatur-Bedienung. Handlesegeräte für mobilen Einsatz (nur Instandhaltung)	Noch nicht bekannt: Transponder sind „Geschenk" des Palettenherstellers. Ein Einsatz ist erst in ca. 2 Jahren vorgesehen	Automatik	Automatik und in Sonderfällen Handgeräte	Sekundäre Bedienung über Automatisierungsanlage bzw. PC	Zur Bedienung des RFID-Systems werden derzeit verschiedene Varianten überlegt. Zum Einen ist die Abfrage über Standorte durch normale Büro-PCs vorgesehen. Für den Einsatz im Feld sind der Betrieb von industrietauglichen PDAs angedacht, die ggfs. über eine wireless-LAN Verbindung die Daten online abrufen können. Im Produktionsumfeld eingesetzte Schreib-/Lesestationen werden einen direkten Anschluß an unterlagerte Steuerungen erhalten (Parallel, seriell, Feldbus, etc.).
2.5.3	Wie ist das bei Ihnen eingesetzte RFID System an die EDV / Steuerungstech-nik angebunden?	Nur serielle Stromschnittstelle an PC oder SPS	Noch nicht bekannt: Transponder sind „Geschenk" des Palettenherstellers. Ein Einsatz ist erst in ca. 2 Jahren vorgesehen	?	Die SLG setzt die von der Anschaltung empfangenen Befehle um	Meist serielle Verbindung über RS-232 bzw. RS-485 an Automatisierung bzw. PC.	Ethernet (TCP/IP)
2.5.4	Welche Spannungsversorgung benötigen die RFID Systeme?	24 Volt	Transponder: keine (über Antenne)	DC24V	DC 24V	230 V/AC bzw. 24 V/DC.	Entweder normale 220V Wechselspannung oder 24V Gleichspannung.
2.5.5	Welche Lebensdauer haben die Transponder im Einsatz erreicht?	Ausgelegt ist das System auf 8 Jahre. Bisher 6 Jahre im Einsatz	Noch nicht bekannt: Transponder sind „Geschenk" des Palettenherstellers. Ein Einsatz ist erst in ca. 2 Jahren vorgesehen	Statistik laut Hersteller, bis zu 200000 Schreib Lese Zyklen	Je nach Anzahl der Schreib Lese Vorgänge; laut Herst. bis zu 200T Schreibzyklen	Nach Frühausfällen ca. 10 Jahre (heute 15 Jahre mit z.T. Austausch)	Identec garantiert bei einer durchschnittlichen Anzahl an Schreib-/bzw. Lesezyklen von 600 / Tag ca. 6 Jahre
2.5.6	Was für Schreib-/Lesegeräte werden bei Ihnen eingesetzt?	Fest installiert. Mobile nur für Instandhaltung für Kontrollzwecke	Noch nicht bekannt: Transponder sind „Geschenk" des Palettenherstellers. Ein Einsatz ist erst in ca. 2 Jahren vorgesehen	Fest installierte	festinstalliert	Festinstallation, mobile Handgeräte für Fehlerfall bzw. Wartungsaufgaben	Fest installierte „Gates" an definierten Stellen, Handgeräte und auch mobile Geräte in Fahrzeugen.
2.5.7	Werden Mehrfachantennen oder Antennenportale eingesetzt? Wenn ja, gibt es Regeln für die Anordnung der Antennen?	Nein	Antennenportal ist vorgesehen	?	?	Mehrfachanordnung von Transpondern wegen asymetrischer Anordnung an drehbarer Systempalette. Abstand ca. 30 cm, Mehrfachschreib-/lesegeräte - Nein	Es gibt die Möglichkeit, bis zu vier Antennen an jede Schreib-/Lesestation anzubauen. Diese Antennen werden derzeit im Multiplex-Betrieb gefahren. Neuere Entwicklungen ermöglichen den gleichzeitigen Betrieb der vier Antennen. Dabei ist sicherzustellen, daß die Antennenfel-der sich gegenseitig so wenig wie möglich beeinflussen. Dies ist durch geeignete Einstellungen der Leistungsparameter und durch entsprechendes Ausrichten der Antennen zu gewährleisten
2.5.8	Welche Mobile Datenspeicher/Transponder verwenden Sie?	PC 3105 (wärmefest), 8 kByte, technische Daten siehe Datenblatt, Ausnahme Rohbau C-Klasse: Einsatz von Datenspeicher PC 3122/36A (nicht wärmefest), 8 kByte	Noch nicht bekannt: Transponder sind „Geschenk" des Palettenherstellers. Ein Einsatz ist erst in ca. 2 Jahren vorgesehen	MDS L 701	Siehe 2.5.1	Siehe oben – Detaildaten siehe Hersteller	Identec iQ-8. (8 Kbyte Speicherplatz RAM)
2.5.9	Werden in Ihrem Hause auch Folientransponder eingesetzt? Wenn ja, aus welchen Folienmaterial und Leitermaterial bestehen diese und mit welchem Kleber wurden die Transponder verklebt?	Nein	Noch nicht bekannt: Transponder sind „Geschenk" des Palettenherstellers. Ein Einsatz ist erst in ca. 2 Jahren vorgesehen	nein	nein	Nein – Planungsvariante ja – System Fabr. Schreiner	k.a.
2.5.10	Welche Betriebsstundenleistung wird von dem verwendeten RFID System erbracht?	Fahrzeugfertigung 24 h pro Tag, 5 Tage die Woche	Noch nicht bekannt: Transponder sind „Geschenk" des Palettenherstellers. Ein Einsatz ist erst in ca. 2 Jahren vorgesehen	Ca. 18h	18 Stunden pro Tag	100 bis 130 Wochenbetriebsstunden	Die festinstallierten Systeme laufen an 7 Tagen rund um die Uhr das gesamte Jahr durch. Ausfälle sind in vorher festgelegten Service Levels zu behandeln und zu beheben. Derzeit ist die Datenbank auf eine produktionsbegleitende Verfügbarkeit ausgerichtet und erlaubt so eine Betriebspause zwischen Samstag Mittag und Sonntag Abend.

Bild 46: Equipment RFID Systeme (OEM)

Firma Name	DCAG Renz und Rendich	VDO Pflüger	BMW Kabelbaum	BMW Karosserie	BMW Regensburg	VW Pelich
Wurden in Ihrem Hause bereits EMV Messungen durchgeführt? Wenn ja, welche Ergebnisse wurden erreicht? Ist die Dokumentation für das IFT-LL Verfügbar?	Keine speziellen EMV-Messungen in Bezug auf das Identsystem durchgeführt	Noch nicht bekannt: Transponder sind „Geschenk" des Palettenherstellers. Ein Einsatz ist erst in ca. 2 Jahren vorgesehen	nein	Studie zum Frequenzbebaungsplan in Mitte 2002	unbekannt	Hinsichtlich der Strahlung der elektro-magnetischen Wellen ist festzuhalten, daß die Leistung der Schreib-/Lesestationen und somit der Einfluß auf den Menschen bei ca. 1/2000 der durch Handies abgestrahlten Leistung liegt.
Gibt es typische elektromagnetische Störquellen in Ihrem betrieblichen Umfeld?	Funk-LAN, Funktelefone, Antriebe, Roboter, Schweißen, elektrostatische Lackieranlagen	s.o.	Datenfunk und Funktelefone	Nicht im direkten Umfeld der SL Geräte	Ja, Industrieeinsatz mit Frequenzumrichtern und Antriebstechnik, Datenfunk im Logistikbereich incl. Anlagentechnik	Ja. Standardsysteme im 2,45 GHz Bereich arbeitende RFID-Systeme stören sich gegenseitig mit WLAN-Installationen. Diese Problematik ist im Werk Hannover gemessen und nachgewiesen worden. Da Handies heute ebenfalls zum alltäglichen Bild in einer Fabrik gehören, ist auch die Verträglichkeit mit dieser Technik absolut erforderlich. Messungen haben dabei bisher keinerlei Interaktion zwischen sowohl den vorhanden WLAN-Installationen, als auch dem Betrieb von Handies aufgezeigt. Dies steht im krassen Gegensatz zu aktiven RFID-Systemen, die sich im Bereich der 2,45 GHz bewegen.
Gibt es Systeme in Ihrem Betrieb, die durch die RFID Systeme gestört wurden? Falls ja, welche und wie äußern sich die Störungen und wie wurden sie beseitigt?	Nein	s.o.	nein	?	unbekannt	Testinstallationen mit aktiven Transpondern im 2,45GHz Band haben gezeigt, daß sich zwar das RFID-System in WLAN-Umgebungen unbeeindruckt zeigt, das WLAN aber durchaus ne-gativ beeinflußt wird. Die Störungen traten bei Installationen nach dem IEEE 802.11x-Standard während Datenübertragungen auf. Verbindungen brachen ab oder konnten nicht etabliert werden.
Welche Dispositionssysteme für Material, das in Ladungsträgern gelagert wird, verwenden Sie?	k.a.	SAP	Kundenspezifische Produktion	?	unbekannt	k.a

Bild 47: Koexistenz, Kooperation (OEM)

	Firma Name	DCAG Renz und Rendich	VDO Pflüger	BMW Kabelbaum	BMW Karosserie	BMW Regensburg	VW Pelich
2.7.1	Welche Überlegungen führten in Ihrem Hause zum Einsatz von RFID-Systemen?	Im Regelfall wirtschaftliche Gründe	Überwachung von Kreisläufen bei Mehrwegverpackung	Zur Steuerung des richtigen Kabelbaums zum richtigen Fahrzeug	System wird in der Steuerungstechnik eingesetzt, zur Überwachung und Erfassung von produktionsrelevanten Daten	Betriebssicherheit, automatische Lesbarkeit, Alternative nur Barcode – Qualität bei externer Anlieferung problematisch und für Dauereinsatz im Lieferantenumlauf nicht tauglich.	VW verfolgt mit dem Einsatz der aktiven Transponder die Philosophie, eine anwendungs-übergreifende Infrastruktur zu schaffen. Sinn und Zweck dieser Infrastruktur ist die Abkopplung sämtlicher Investitionen von einem Projekt. Verwenden verschiedene Applikationen eine identische Infrastruktur, so erfolgen die Investitionen auch verteilt auf diese Applikationen, was den Grad der Akzeptanz deutlich erhöht. Unter dem Strich erhofft sich VW eine viel deutlichere Transparenz in den abgebildeten Objektflüssen. Daraus resultieren größere Optimierungspotentiale, die nachfolgend Einsparungen bei Investitionen zur Folge haben und langfristig deutlich geringere Budgetkosten erzielen
2.7.2	Können Sie die Vorteile von RFID Systemen für Ihr Haus klassifizieren?	Kostengünstiger als vorherige Lösungen	Vermeidung von Zählfehlern. Reduzierung des Zähl- und Buchaufwandes.	Prozesssicherheit	Siehe 2.7.3	Betriebssicherheit, automatische Lesbarkeit, Handlingsaufwand minimal	k.a
2.7.3	Lässt sich der Nutzen von RFID quantifizieren oder ergeben sich vor allem qualitative Vorteile?	neben den Kostenvorteilen ergab sich auch eine verbesserte Prozesssicherheit.	Noch nicht bekannt: Transponder sind „Geschenk" des Palettenherstellers. Ein Einsatz ist erst in ca. 2 Jahren vorgesehen	k.a.	Datenqualität und Dokumentation z.B. bei der Verschraubung (Anzugsmoment etc.)	Kein quantifizierbarer Vorteil, da bei der Grundplanung bereits berücksichtigt und keine Alternativplanung vorhanden. Qualitative Vorteile in Bezug auf Betriebs- und Fehlersicherheit	k.a

Bild 48: Kosten und Wirtschaftlichkeit (OEM)

	Firma Name	DCAG Renz und Rendich	VDO Pflüger	BMW Kabelbaum	BMWKarosserie	BMW Regensburg
2.8.1	Gibt es bereits bi- oder multilaterale Vereinbarungen für den Einsatz von RFID Systemen zwischen der Zulieferindustrie und Ihrem Unternehmen?	k.a	nein	Ja, der Lieferant beschreibt die Transponder mit den Produktspezifischendaten, löscht zuvor den Transponder und kontrolliert am Ende auf Lesbarkeit	nein	unbekannt

Bild 49: Spielregeln (OEM)

	Firma Name	DCAG Renz und Rendich	VDO Pflüger	BMW Kabelbaum	BMW Karosserie	BMW Regensburg	VW Pelich
2.9.1	Wie weit ist ein einheitliches RFID System in Ihrem Unternehmen eingeführt?	Einheitliche Lösungen nur in Teilbereichen, wegen der unterschiedlichen Anforderungen der verschiedenen Fertigungsbereichen.	Ein Einsatz ist erst in ca. 2 Jahren vorgesehen	Einheitlich nicht, überall viele Insellösungen	Überall im Unternehmen	Moby-M bei Anlieferung „Kundenspezifischer Kabelbaum" bei BMW München, Dingolfing und Regensburg	k.a
2.9.2	Welche Überlegungen führten zum Einsatz von RFID Systemen in Ihrem Unternehmen?	Verbesserung der Prozesssicherheit war Anlass für die Suche nach einem neuen System bei gleichzeitiger Kostenreduzierung. (Einführung 1995)	Transponder sind „Geschenk" des Palettenherstellers. Ein Einsatz ist erst in ca. 2 Jahren vorgesehen	Steuerung der richtigen Kabelbäume zur richtigen Zeit ans richtige Auto	Zur Steuerung der Produktion und Dokumentation	Technische Anforderungen – Betriebs- und Fehlersicherheit	k.a
2.9.3	Was geschieht mit defekten Transpondern?	Austausch	Noch nicht geklärt	entsorgt	entsorgt	Nach Erstinbetriebnahme (ca. 6 Monate) ohne Ausfälle werden defekte vereinzelt auftretende Transponder verschrottet.	k,a
2.9.4	Gibt es die Möglichkeit die Batterie zu wechseln? Wenn ja, wurden auch bereits Konzepte für den Batteriewechsel erarbeitet?	Bei den wärmefesten nicht, bei den nicht-wärmefesten ja	Keine Batterie	Passiv!!!	--	Sofern eine Batterie vorhande, sind diese wechselbar. Ausnahme Lithiumbatterieen (Standzeit > 10 Jahre). Sonst werden batterielose System bevorzugt.	k.a
2.9.5	Wie wurde die Anordnung Schreib-/Lesegerät-Antenne konzipiert?	Kompaktgerät, keine Trennung zwischen SLG und Antenne	Noch nicht erfolgt	herstellerspezifisch	Systemvorgabe	Aufbaurichtlinien der Hersteller und Optimierung durch Versuche und Testeinsatz mit statistischer Auswertung.	k.a
2.9.6	Wie wurden die „Schaltgrenzen" gemessen? (D.h. wann und wie wird ein Transponder vom SLG erkannt?	Mit Testdatenträger, Triggerung der Lesung über SPS	Noch nicht erfolgt	?	Systemspezifisch	Geringeste Fehlerrate	k.a
2.9.7	Welcher IP-Schutzklasse gehören die Transponder an? Welche IP-Schutzklasse wird von Ihnen gefordert?	siehe Datenblätter, IP68 wird gefordert	Die Transponder sind im geschlossenen Hohlraum der Paletten eingeklebt	IP67	Siehe oben	Batteriegeräte IP54 sonst IP67	k.a
2.9.8	Wie stellen Sie sich den Einsatz von Transpondern an bestehenden Behältern vor?	Konzepte werden durch die Planungsbereiche der Logistik erarbeitet.	Nicht vorgesehen	Leseabstände größer 1m, Wenn möglich Material unabhängig	k.a	Preisgünstige Transponder, mechanisch stabil, Leseabstand > 1m	k.a
2.9.9	Gibt es bereits Überlegungen über Service Konzepte hinsichtlich nicht werksinterner Kreisläufe?	Konzepte werden durch die Planungsbereiche der Logistik erarbeitet.	Nein	Siehe oben	k.a	Ja, bereist im Einsatz – siehe „Kundenspezifischer Kabelbaum"	k.a

Bild 50: Sonstiges (OEM)

5.4.2 Audi, Werk Ingolstadt

Teil 1: AKARID – Automatische KARossenIDentifikation

Zeitlicher Verlauf:

Planung und Ersteinsatz im Jahr 1984 in den Bereichen Rohbau und Lackiererei

Seit 1997 Einsatz auch in der Montage

2000 Start eines System-Redesign

Eingesetztes System:

anfangs Philipps, welches später von Baumer Ident übernommen wurde und dann zunächst PREMID und heute OIS-P heißt

Frequenzbereich: 2,45 GHz

Datenträger:

Es werden drei unterschiedliche Datenträger eingesetzt, im Rohbau und in der Lackiererei jeweils ein Transponder mit 8kByte Speicher, in der Montage ein Datenträger mit 32 kByte Speicher. Alle Transponder sind aktiv und haben eine Lebensdauer bis zu 8 Jahren. Der in der Lackierei eingesetzte Transponder ist zudem hochtemperaturgeeignet (bis 250°C) und lösungsmittelbeständig (nach mehreren Umläufen müssen die Transponder entlackt werden). Der Batteriestatus kann bei Auslesen der Transponderdaten mit abgefragt werden, so dass Datenträger mit schwachen Batterien rechtzeitig ausgetauscht werden können.

Derzeit sind in Ingolstadt ca. 6000 Rohbau-/Lacktransponder und 1500-2000 Montagetransponder im Einsatz.

Aufgaben und Funktionen:

Speicherung des Fz.-Bauauftrags und einer eindeutigen, dem Kundenauftrag zugeordneten Identnummer

dezentrale Anlagensteuerung durch Auswertung der Fz.-Daten, z.B. Schweißanlagensteuerung, Schraubprogrammvorgaben, automatische Erstbetankung etc.

Speicherung von Qualitäts- und Fertigungsdaten

Ablauf:

Zur Fahrzeugtaufe am Rohbaustart wird der Rohbaudatenträger am Bodenblech befestigt und mit allen für Rohbau und Lackiererei relevanten Produktinformationen beschrieben. Im Rohbau erhalten Schweißanlagen und flexible Fertigungssysteme von AKARID alle notwendigen Informationen. Am Rohbauende wird der Lacktransponder im Fz. angebracht, die Daten aus dem Rohbautransponder werden umkopiert und der Rohbautransponder wird entfernt.

Nachdem die Rohkarosse lackiert und im KAROLA (Karossenlager) zwischengepuffert wurde, wird sie über eine Fördertechnik der Endmontage zugeführt. Am Takt 1 der Montage erfolgt der Wechsel auf den Montagetransponder. Dazu werden die Daten des Lacktransponders ausgelesen und der Bauauftrag für die Montage aus dem System abgerufen und in den 32kByte Montagetransponder geschrieben. Der Montagetransponder wird magnetisch auf dem Dach des Fahrzeugs nahe der Säule befestigt und verbleibt dort bis zum Zählpunkt 8 (Ende Montage).

Lesesicherheit:

Ziel ist eine Lesesicherheit größer 99% im Bereich der Montage, erreicht werden teilweise 0 Fehler bei 4000 Fz. (entspricht ca. 99,8%).

Probleme/Störquellen:

Die größten Störquellen für eine sichere Lesung der Transponderdaten sind die Antennen selbst. Durch Streuwirkungen beeinflussen sich die Antennen gegenseitig auch bei Entfernungen von 20m. Um diesem Problem entgegenzuwirken, werden bei einem Lesevorgang die jeweils benachbarten Antennen kurzzeitig ausgeschaltet. Dieses Vorgehen wird allerdings nur bei den älteren im Einsatz befindlichen Lesegeräten angewendet. Die neueste Generation der Lesegeräte nutzt das frequency-hopping-Verfahren um Störeinflüsse zu minimieren. Ein Abschalten benachbarter Antennen ist daher nicht mehr notwendig. Lesegeräte mit frequency-hopping werden allerdings nur bei Neubeschaffungen eingesetzt. In Betrieb befindliche Lesegeräte werden nicht ausgetauscht.

Weitere mögliche Störquellen befinden sich im Finish-Bereich. Die dort eingesetzten Fahrzeugprüfsysteme ECOS (Electronic Check Out System) und LAM (Leerlauf-Abgas-Messung) kommunizieren mit ihren Bedienterminals ebenfalls im 2,45 GHz-Band. Das LAM-System arbeitet dabei auch mit frequency-hopping.

Zur Verringerung von Störeinflüssen ist die nutzbare Bandbreite dieser Systeme im 2,45 GHz-Band auf wenige Bereiche eingeschränkt worden. Der Großteil des Frequenzbandes steht AKARID zur Verfügung. Neue ECOS-Versionen nutzen Frequenzen über 3GHz, so dass diese mögliche Störquelle in Zukunft entfallen wird.

Eine gegenseitige Beeinflussung der drei Systeme konnte bisher aber nicht nachgewiesen werden. Die Prüfsysteme werden durch das AKARID-System in

Funktion nicht beeinträchtigt und Fehler beim Lesen der Transponderdaten können nicht zweifelsfrei auf die Prüfsysteme zurückgeführt werden.

Da zur Zeit noch kein Wireless-LAN in Ingolstadt eingesetzt wird, liegen hier keine Erfahrungen vor.

Sicherungskonzepte:

Um Transponderausfälle abzusichern, werden alle Fahrzeugdaten in einem Datenträgerverfolgungssystem (DTV) redundant abgelegt. Sollte ein Transponder nicht mehr lesbar sein, so kann anhand der dem Kundenauftrag zugeordneten Identnummer durch das System ermittelt werden, in welchem Fz. sich der defekte Transponder befindet. Die Anlagensteuerung meldet das Fehlen der Daten, die dann vom Werker am Band manuell eingegeben werden müssen. Im Bereich Rohbau/Lack gibt er dazu die in das Fahrzeugblech eingeschlagene Kennnummer in die Anlagensteuerung ein. In der Montage ist an der geöffneten Motorhaube jedes Fahrzeugs der Bauauftrag in Papierform aufgehängt, dem der Werker die erforderlichen Daten entnimmt.

Arbeitssicherheit:

Aufgrund der geringen Strahlungsleistung der Antennen (<250mW) gilt das System auch bei längerem Aufenthalt im Antennenfeld als unbedenklich.

System-Redesign

Beim System-Redesign werden zwei wesentliche Änderungen im Bereich Software- und Hardwareanbindung durchgeführt. Um die Komplexität des AKARID-Ablaufs zu reduzieren, wird die gesamte Logik des Ablaufs auf mehrere sog. Agenten verteilt (Multiagentensystem). Während bisher ein Server (Software) an mehrere Antennen angebunden ist, gibt es in Zukunft eine 1-zu-1-Beziehung zwischen einem Lesegerät und einem Softwareagenten.

Hardwareseitig findet beim Redesign ein Wechsel von konventionellen 1-zu-1-Beziehungen zwischen einem Lesegerät und einem Computer zu einer Zellenrechnerstruktur statt. Jeweils an einem Ende eines Montagebandes befindet sich ein sog. Zellenrecher, an den alle Lesegeräte dieses Bandabschnitts via LAN angebunden werden. Dies ist möglich, da neuere Lesegeräte das TCP/IP-Protokoll beherrschen und so eine eindeutige IP im Netzwerk erhalten können. Theoretisch können so von jedem berechtigten Rechner aus die Daten eines Lesegeräts abgefragt werden.

5.4.3 BMW, Bereich Kabelbaummontage

Applikation des Transponders am Behälter

Wie und wo wurde der RFID Transponder an den Ladungsträgern bei der Anwendung in Ihrem Hause appliziert? Abteilung Bereiche etc.

Die Kabelbäume der Fahrzeuge werden in Taschen , in denen ein Transponder eingenäht ist, angeliefert

War die Verbindung des Transponders am Behälter fest oder lösbar?

Eingenäht also lösbar

Wurden die Transponders am Behälter verschraubt oder vernietet?

nein

Werden in Ihrem Haus Transponder auch mit dem Ladungsträger verklebt?
Wenn ja, welcher Kleber wird verwendet und gab es Unverträglichkeiten zwischen Klebersorten und Werkstoffen?

nein

Gibt es bei Ihnen Daten bezüglich der Fehlerrate von Schreib-/Lesevorgängen bei unterschiedlichen Einsatzfällen?

Nein, es kann jedoch vorkommen, dass Transponder aufgrund Ihrer Lage zum SLG nicht richtig gelesen werden können

Können Aussagen über Kosten bzw. Zusatzkosten gegenüber der vorher verwandten Technik gemacht werden?
(z.B. für das Anbringen oder Lösen der Transponder).

Nein

Belastung der Transponder

Welche Temperaturen herrschen im betrieblichen Umfeld der eingesetzten Transponder?

Von Raumtemperatur bis hin zu Aussentemperaturen, die während des Transportes auftreten

Sind im betrieblichen Umfeld besondere Umgebungseinflüsse für den Einsatz von Transpondern zu beachten?(z.B. Feuchtigkeit, chemische und mechanische Beanspruchung).

nein

Elektromagnetische Verträglichkeit: Welche elektromagnetischen Störquellen sind im betrieblichen Umfeld zu erwarten? Wurden Messungen durchgeführt? Falls ja, stehen die Messergebnisse für diese Studie zur Verfügung? (vgl. hierzu auch 0)

--?

Dateninhalte, Struktur, Sicherheit

Hier sind die aktiven und passiven Systeme getrennt zu beschreiben.

Welche Speicherkapazitäten haben die eingesetzten Transponder?
(z.B. fest programmierter Bereich, frei programmierbare Bereiche, etc.)

512 Byte

Welche Speichertypen werden verwendet?
(z.B. EEPROM, Festcode, schreib-/lesbar, usw.)

Eprom

Wie sind Daten auf dem Speicher organisiert? Ist ein wahlfreier bit-/byteweiser Zugriff möglich? Werden Speicherbereiche beim Durchlauf mehrfach genutzt?

Byteweiser Zugriff möglich

Welche Software wird für die Anbindung des Schreib-/Lesegeräts an die EDV benötigt? (z.B. Betriebssystem, Software).

Hersteller eigene

Welche Software wird für die Anbindung an die zentrale EDV benötigt?
(z.B. Standardsoftware, individuell programmiert).

Hersteller eigene

Gibt es gesonderte Anforderungen an die Datensicherheit? Wenn ja, welche und durch welche Maßnahmen wurden die Anforderungen bisher erfüllt?
(z.B. Sicherheit der Datenübertragung, Redundanz der Daten, Zugriffsschutz (Lese- und Schreibschutz), etc.)
Gab es Störversuche bzw. unerlaubte Eingriffe?

Über Prüfsummen kann die Übertragungsqualität gewährleistet werden. Dies wird über die Hersteller Software abgedeckt

Datenübertragung in der Luftstrecke

Welche Systeme (Hersteller und Typbezeichnung) werden in Ihrem Hause verwendet?

Siemens Moby –L

Mit welchen Übertragungsfrequenzen arbeiten die von Ihrem Haus verwendeten RFID Systeme? Gibt es bereits Festlegungen auf Frequenzen in Ihrem Hause? Spielt Frequenzhopping eine Rolle?
(Aktive und passive Systeme, also mit und ohne Stützbatterie im Transponder. Bei passiven Systemen Unterscheidung in Frequenz der Daten- und Energieübertragung).

1,5 MHz, passive Systeme

Welche Datenübertragungsraten nutzen Sie und von welche Übertragungsraten werden von den bei Ihnen eingesetzten Systemen erreicht?
(z.B. Grenzleistung der Datenübertragungsrate und technisch effektive Rate)

??

Wie groß sind die „sicheren" Schreib-/Lesereichweiten der eingesetzten Systeme? (in [m])

Grenzabstand: bis 30-50mm

Arbeitsabstand: bis 20-40 mm

Welche Übertragungsprotokolle werden verwendet?
(z.B. vollduplex, halbduplex, standardisierte Prozeduren, herstellerabhängig, usw.).

??

Wie wird eine sichere Datenübertragung gewährleistet?
(z.B. Kontrollfunktionen, Mehrfachlesung, Frequenzhopping, usw.)

Siehe oben

Wie war die Zuverlässigkeit und die Verfügbarkeit der Datenübertragung in der Luftstrecke? oder:
Wie groß war der Anteil von Gut-Lesungen, von fehlerhaften Lesungen und von Nicht Lesungen an den durchgeführten Lesungen (Fehlerraten)?

Keine Aufzeichnungen über Gut und Nicht Lesungen

Equipment RFID Systeme

Was für Bauweisen, Abmessungen, Gewichte und IP-Schutzklassen haben die in Ihrem Haus eingesetzten RFID Systeme?
(z.B. Transponder, Schreib-/Lesegeräte, Antennen, etc.)

85,8*54,1*2,5 mm

Wie wird das RFID System bedient?
(z.B. Tastatur, Handgerät, Festinstallation, Automatik, etc.)

Automatik

Wie ist das bei Ihnen eingesetzte RFID System an die EDV / Steuerungstechnik angebunden?
(z.B. Anschaltung des Schreib-/Lesegeräts, Kopplung (Stern, Netz, Bus) an EDV, Verbindung (Kabel, Funk), Client-Server, etc.)

?

Welche Spannungsversorgung benötigen die RFID Systeme?

DC24V

Welche Lebensdauer haben die Transponder im Einsatz erreicht?
(Statistik)

Statistik laut Hersteller, bis zu 200000 Schreib Lese Zyklen

Was für Schreib-/Lesegeräte werden bei Ihnen eingesetzt?
(z.B. fest installiert, mobile Handgeräte).

Fest installierte

Werden Mehrfachantennen oder Antennenportale eingesetzt? Wenn ja, gibt es Regeln für die Anordnung der Antennen?

?

Welche Mobile Datenspeicher/Transponder verwenden Sie?
(z.B. genaue Typbezeichnung, Speichergröße, Format, Größe, Gestalt, IP-Schutzklasse etc.)

MDS L 701

Werden in Ihrem Hause auch Folientransponder eingesetzt? Wenn ja, aus welchen Folienmaterial und Leitermaterial bestehen diese und mit welchem Kleber wurden die Transponder verklebt?

nein

Welche Betriebsstundenleistung wird von dem verwendeten RFID System erbracht?

Ca. 18h

Koexistenz, Kooperation

Dieser Punkt des Anforderungsprofils an RFID Systeme soll gewährleisten, dass ein gemischter, störungsfreier Betrieb mit bestehenden Systemen, wie z.B. „Wireless LAN“ erreicht werden kann.

Wurden in Ihrem Hause bereits EMV Messungen durchgeführt? Wenn ja, welche Ergebnisse wurden erreicht? Ist die Dokumentation für das IFT-LL Verfügbar?

nein

Gibt es typische elektromagnetische Störquellen in Ihrem betrieblichen Umfeld? (z.B. Datenfunk (Funk LAN), Funktelefone, Blue Tooth Anbindungen, etc.)

Datenfunk und Funktelefone

Gibt es Systeme in Ihrem Betrieb, die durch die RFID Systeme gestört wurden? Falls ja, welche und wie äußern sich die Störungen und wie wurden sie beseitigt?

nein

Welche Dispositionssysteme für Material, das in Ladungsträgern gelagert wird, verwenden Sie?
(z.B. Bestellmengenrechnung, Bestellterminrechnung, Kanban)

Kundenspezifische Produktion

Kosten/ Wirtschaftlichkeit der RFID Systeme

In diesem Punkt soll dargestellt werden, wodurch der durch RFID Systeme geführte Prozess günstiger zu anderen Identifikationstechnologien, wie z.B. Barcode, wird. Die Transparenz des Prozessablaufs soll dabei gewährleistet sein.

Welche Überlegungen führten in Ihrem Hause zum Einsatz von RFID-Systemen?

Zur Steuerung des richtigen Kabelbaums zum richtigen Fahrzeug

Können Sie die Vorteile von RFID Systemen für Ihr Haus klassifizieren?

Prozesssicherheit

Lässt sich der Nutzen von RFID quantifizieren oder ergeben sich vor allem qualitative Vorteile (Verbesserung der Prozesse/der Prozesssicherheit)?

Spielregeln für den Einsatz von RFID Systemen

Hier sollen, falls vorhanden, bereits vorhandene Spielregeln für den Einsatz von RFID Systemen in der ganzen Prozesskette beschrieben werden.

Gibt es bereits bi- oder multilaterale Vereinbarungen für den Einsatz von RFID Systemen zwischen der Zulieferindustrie und Ihrem Unternehmen?

Ja, der Lieferant beschreibt die Transponder mit den Produktspezifischendaten, löscht zuvor den Transponder und kontrolliert am Ende auf Lesbarkeit

Sonstiges

Wie weit ist ein einheitliches RFID System in Ihrem Unternehmen eingeführt? (z.B. Konzeption, Versuch, Arbeitsbereiche, Abteilungen, Werken oder im ganzen Unternehmen)

Einheitlich nicht, überall viele Insellösungen

Welche Überlegungen führten zum Einsatz von RFID Systemen in Ihrem Unternehmen (Systemansatz)?

Steuerung der richtigen Kabelbäume zur richtigen Zeit ans richtige Auto

Was geschieht mit defekten Transpondern?

entsorgt

Gibt es die Möglichkeit die Batterie zu wechseln? Wenn ja, wurden auch bereits Konzepte für den Batteriewechsel erarbeitet?
(z.B. bezüglich Datenerhalt, Notfallstrategien)

Passiv!!!

Wie wurde die Anordnung Schreib-/Lesegerät-Antenne konzipiert?

herstellerspezifisch

Wie wurden die „Schaltgrenzen“ gemessen?
(D.h. wann und wie wird ein Transponder vom SLG erkannt? Best case, worst case Situation)

?

Welcher IP-Schutzklasse gehören die Transponder an?
Welche IP-Schutzklasse wird von Ihnen gefordert?

IP67

Wie stellen Sie sich den Einsatz von Transpondern an bestehenden Behältern vor?

Leseabstände größer 1m

Wenn möglich Material unabhängig

Gibt es bereits Überlegungen über Service Konzepte hinsichtlich nicht werksinterner Kreisläufe?

Siehe oben

5.4.4 BMW, Bereich Karosseriemontage

Applikation des Transponders am Behälter

Wie und wo wurde der RFID Transponder an den Ladungsträgern bei der Anwendung in Ihrem Hause appliziert? Abteilung Bereiche etc.

im Bereich Karosserie Montage

Türmontage, Sitzmontage

War die Verbindung des Transponders am Behälter fest oder lösbar?

Lösbar

Wurden die Transponders am Behälter verschraubt oder vernietet?

verschraubt

Werden in Ihrem Haus Transponder auch mit dem Ladungsträger verklebt? Wenn ja, welcher Kleber wird verwendet und gab es Unverträglichkeiten zwischen Klebersorten und Werkstoffen?

nein

Gibt es bei Ihnen Daten bezüglich der Fehlerrate von Schreib-/Lesevorgängen bei unterschiedlichen Einsatzfällen?

Es gibt keine genauen Daten, das Fehleraufkommen liegt im Promill Bereich

Können Aussagen über Kosten bzw. Zusatzkosten gegenüber der vorher verwandten Technik gemacht werden?
(z.B. für das Anbringen oder Lösen der Transponder).

--?

Belastung der Transponder

Welche Temperaturen herrschen im betrieblichen Umfeld der eingesetzten Transponder?

Normale Raumtemperatur

Sind im betrieblichen Umfeld besondere Umgebungseinflüsse für den Einsatz von Transpondern zu beachten?(z.B. Feuchtigkeit, chemische und mechanische Beanspruchung).

keine

Elektromagnetische Verträglichkeit: Welche elektromagnetischen Störquellen sind im betrieblichen Umfeld zu erwarten? Wurden Messungen durchgeführt? Falls ja, stehen die Messergebnisse für diese Studie zur Verfügung? (vgl. hierzu auch 0)

Wenn die SLG nach den Aufbaurichtlinien des Herstellers aufgestellt werden, dann existieren keine Störungen

Dateninhalte, Struktur, Sicherheit

Hier sind die aktiven und passiven Systeme getrennt zu beschreiben.

Welche Speicherkapazitäten haben die eingesetzten Transponder?
(z.B. fest programmierter Bereich, frei programmierbare Bereiche, etc.)

752 KB Anwenderspeicher; 4Byte Festcode als Seriennummer

Welche Speichertypen werden verwendet?
(z.B. EEPROM, Festcode, schreib-/lesbar, usw.)

EEPROM

Wie sind Daten auf dem Speicher organisiert? Ist ein wahlfreier bit-/byteweiser Zugriff möglich? Werden Speicherbereiche beim Durchlauf mehrfach genutzt?

Byteweiser Zugriff (16Byte Blockorg.)

Welche Software wird für die Anbindung des Schreib-/Lesegeräts an die EDV benötigt? (z.B. Betriebssystem, Software).

SLG zugehörige STandardsoftware

Welche Software wird für die Anbindung an die zentrale EDV benötigt?
(z.B. Standardsoftware, individuell programmiert).

??

Gibt es gesonderte Anforderungen an die Datensicherheit? Wenn ja, welche und durch welche Maßnahmen wurden die Anforderungen bisher erfüllt?
(z.B. Sicherheit der Datenübertragung, Redundanz der Daten, Zugriffsschutz (Lese- und Schreibschutz), etc.)
Gab es Störversuche bzw. unerlaubte Eingriffe?

Die Sicherheit der Datenübertragung wird durch softwareseitige CRC-Prüfsummen realisiert

Datenübertragung in der Luftstrecke

Welche Systeme (Hersteller und Typbezeichnung) werden in Ihrem Hause verwendet?

Siemens MOBY E

Mit welchen Übertragungsfrequenzen arbeiten die von Ihrem Haus verwendeten RFID Systeme? Gibt es bereits Festlegungen auf Frequenzen in Ihrem Hause? Spielt Frequenzhopping eine Rolle?
(Aktive und passive Systeme, also mit und ohne Stützbatterie im Transponder. Bei passiven Systemen Unterscheidung in Frequenz der Daten- und Energieübertragung).

13,56MHz (Daten und Energie), keine allgemeinen Festlegungen im Unternehmen

Welche Datenübertragungsraten nutzen Sie und von welche Übertragungsraten werden von den bei Ihnen eingesetzten Systemen erreicht?
(z.B. Grenzleistung der Datenübertragungsrate und technisch effektive Rate)

Je nach System, bei MOBY E >=2,8ms/Byte

Wie groß sind die „sicheren" Schreib-/Lesereichweiten der eingesetzten Systeme? (in [m])

50mm

Welche Übertragungsprotokolle werden verwendet?
(z.B. vollduplex, halbduplex, standardisierte Prozeduren, herstellerabhängig, usw.).

??

Wie wird eine sichere Datenübertragung gewährleistet?
(z.B. Kontrollfunktionen, Mehrfachlesung, Frequenzhopping, usw.)

Siehe oben Prüfsummenbildung

Wie war die Zuverlässigkeit und die Verfügbarkeit der Datenübertragung in der Luftstrecke? oder:
Wie groß war der Anteil von Gut-Lesungen, von fehlerhaften Lesungen und von Nicht Lesungen an den durchgeführten Lesungen (Fehlerraten)?

Sehr selten

Equipment RFID Systeme

Was für Bauweisen, Abmessungen, Gewichte und IP-Schutzklassen haben die in Ihrem Haus eingesetzten RFID Systeme?
(z.B. Transponder, Schreib-/Lesegeräte, Antennen, etc.)

MOBY E: IP67; ca 21g;85,8*54,8*2,5mm

SLG: 051kg; siehe Siemens Moby Handbuch

Wie wird das RFID System bedient?
(z.B. Tastatur, Handgerät, Festinstallation, Automatik, etc.)

Automatik und in Sonderfällen Handgeräte

Wie ist das bei Ihnen eingesetzte RFID System an die EDV / Steuerungstechnik angebunden?
(z.B. Anschaltung des Schreib-/Lesegeräts, Kopplung (Stern, Netz, Bus) an EDV, Verbindung (Kabel, Funk), Client-Server, etc.)

Die SLG setzt die von der Anschaltung empfangenen Befehle um

Welche Spannungsversorgung benötigen die RFID Systeme?

DC 24V

Welche Lebensdauer haben die Transponder im Einsatz erreicht?
(Statistik)

Je nach Anzahl der Schreib Lese Vorgänge; laut Herst. bis zu 200T Schreibzyklen

Was für Schreib-/Lesegeräte werden bei Ihnen eingesetzt?
(z.B. fest installiert, mobile Handgeräte).

festinstalliert

Werden Mehrfachantennen oder Antennenportale eingesetzt? Wenn ja, gibt es Regeln für die Anordnung der Antennen?

?

Welche Mobile Datenspeicher/Transponder verwenden Sie?
(z.B. genaue Typbezeichnung, Speichergröße, Format, Größe, Gestalt, IP-Schutzklasse etc.)

Siehe 2.5.1

Werden in Ihrem Hause auch Folientransponder eingesetzt? Wenn ja, aus welchen Folienmaterial und Leitermaterial bestehen diese und mit welchem Kleber wurden die Transponder verklebt?

nein

Welche Betriebsstundenleistung wird von dem verwendeten RFID System erbracht?

18 Stunden pro Tag

Koexistenz, Kooperation

Dieser Punkt des Anforderungsprofils an RFID Systeme soll gewährleisten, dass ein gemischter, störungsfreier Betrieb mit bestehenden Systemen, wie z.B. „Wireless LAN" erreicht werden kann.

Wurden in Ihrem Hause bereits EMV Messungen durchgeführt? Wenn ja, welche Ergebnisse wurden erreicht? Ist die Dokumentation für das IFT-LL Verfügbar?

Studie zum Frequenzbebaungsplan in Mitte 2002

Gibt es typische elektromagnetische Störquellen in Ihrem betrieblichen Umfeld? (z.B. Datenfunk (Funk LAN), Funktelefone, Blue Tooth Anbindungen, etc.)

Nicht im direkten Umfeld der SL Geräte

Gibt es Systeme in Ihrem Betrieb, die durch die RFID Systeme gestört wurden? Falls ja, welche und wie äußern sich die Störungen und wie wurden sie beseitigt?

?

Welche Dispositionssysteme für Material, das in Ladungsträgern gelagert wird, verwenden Sie?
(z.B. Bestellmengenrechnung, Bestellterminrechnung, Kanban)

?

Kosten/ Wirtschaftlichkeit der RFID Systeme

In diesem Punkt soll dargestellt werden, wodurch der durch RFID Systeme geführte Prozess günstiger zu anderen Identifikationstechnologien, wie z.B. Barcode, wird. Die Transparenz des Prozessablaufs soll dabei gewährleistet sein.

Welche Überlegungen führten in Ihrem Hause zum Einsatz von RFID-Systemen?

System wird in der Steuerungstechnik eingesetzt, zur Überwachung und Erfassung von produktionsrelevanten Daten

Können Sie die Vorteile von RFID Systemen für Ihr Haus klassifizieren?

Siehe 2.7.3

Lässt sich der Nutzen von RFID quantifizieren oder ergeben sich vor allem qualitative Vorteile (Verbesserung der Prozesse/der Prozesssicherheit)?

Datenqualität und Dokumentation z.B. bei der Verschraubung (Anzugsmoment etc.)

Spielregeln für den Einsatz von RFID Systemen

Hier sollen, falls vorhanden, bereits vorhandene Spielregeln für den Einsatz von RFID Systemen in der ganzen Prozesskette beschrieben werden.

Gibt es bereits bi- oder multilaterale Vereinbarungen für den Einsatz von RFID Systemen zwischen der Zulieferindustrie und Ihrem Unternehmen?

Nein

Sonstiges

Wie weit ist ein einheitliches RFID System in Ihrem Unternehmen eingeführt? (z.B. Konzeption, Versuch, Arbeitsbereiche, Abteilungen, Werken oder im ganzen Unternehmen)

Überall im Unternehmen

Welche Überlegungen führten zum Einsatz von RFID Systemen in Ihrem Unternehmen (Systemansatz)?

Zur Steuerung der Produktion und Dokumentation

Was geschieht mit defekten Transpondern?

entsorgt

Gibt es die Möglichkeit die Batterie zu wechseln? Wenn ja, wurden auch bereits Konzepte für den Batteriewechsel erarbeitet?
(z.B. bezüglich Datenerhalt, Notfallstrategien)

--

Wie wurde die Anordnung Schreib-/Lesegerät-Antenne konzipiert?

Systemvorgabe

Wie wurden die „Schaltgrenzen“ gemessen?
(D.h. wann und wie wird ein Transponder vom SLG erkannt? Best case, worst case Situation)

Systemspezifisch

Welcher IP-Schutzklasse gehören die Transponder an?
Welche IP-Schutzklasse wird von Ihnen gefordert?

Siehe oben

Wie stellen Sie sich den Einsatz von Transpondern an bestehenden Behältern vor?

Gibt es bereits Überlegungen über Service Konzepte hinsichtlich nicht werksinterner Kreisläufe?

5.4.5 BMW, Werk Regensburg

Applikation des Transponders am Behälter

Wie und wo wurde der RFID Transponder an den Ladungsträgern bei der Anwendung in Ihrem Hause appliziert? Abteilung Bereiche etc.

Keine direkte Befestigung am Ladungsgut sondern an universellen Transportpaletten (Systempaletten Moby-E für den Transport von max. 2 Gitterboxabmessungen in der Fläche)

Für die Fahrzeugidentifikation werden Transporttraversen mit montierten Datenträgern verwendet (System TIRIS)

Für weitere Transportsysteme (Elektrohängebahn – EHB, werden PREMID, MobyM, Balluff) verwendet. Die Montage erfolgt immer am Transportmittel.

War die Verbindung des Transponders am Behälter fest oder lösbar?

Bei den oben dargestellten Lösungen erfolgt immer eine feste Verbindung mittels Verschraubung.

Wurden die Transponders am Behälter verschraubt oder vernietet?

Bei den oben dargestellten Lösungen erfolgt immer eine feste Verbindung mittels Verschraubung.

Werden in Ihrem Haus Transponder auch mit dem Ladungsträger verklebt?
Wenn ja, welcher Kleber wird verwendet und gab es Unverträglichkeiten zwischen Klebersorten und Werkstoffen?

In der Montage Werk 6.1 werden keine Transponder verklebt, es existiert hier auch keine Planung.

Bei der automatisierten Verklebung von Auftragszetteln an die Karosserie mittels Roboter bestanden jedoch erhebliche Verträglichkeitsprobleme auf frischer Lackierung.

Gibt es bei Ihnen Daten bezüglich der Fehlerrate von Schreib-/Lesevorgängen bei unterschiedlichen Einsatzfällen?

Geringe Fehlerhäufigkeit <1 / 1000 für Schreiben. Beim Lesen < 1/10000. Meist sind Lesefehler durch einen erneuten Leseanstoß nicht erkennbar.

Können Aussagen über Kosten bzw. Zusatzkosten gegenüber der vorher verwandten Technik gemacht werden?
(z.B. für das Anbringen oder Lösen der Transponder).

Wirtschaftlichkeit ca. 20 % bei Entfall von Transponderhandling. Keine Untersuchung für den Einsatz von Transpondern – technische Notwendigkeit.

Belastung der Transponder

Welche Temperaturen herrschen im betrieblichen Umfeld der eingesetzten Transponder?

Normale Umgebungstemperaturen +10 bis +30 Grad Celsius.
Bei Ausseneinsatz –30 bis +40 Grad Celsius

Sind im betrieblichen Umfeld besondere Umgebungseinflüsse für den Einsatz von Transpondern zu beachten?(z.B. Feuchtigkeit, chemische und mechanische Beanspruchung).

Feuchtigkeit im Aussenbereich. Erschütterungen im Transportbereich > 2g.

Elektromagnetische Verträglichkeit: Welche elektromagnetischen Störquellen sind im betrieblichen Umfeld zu erwarten? Wurden Messungen durchgeführt? Falls ja, stehen die Messergebnisse für diese Studie zur Verfügung? (vgl. hierzu auch 0)

Die eingesetzte System (Induktiv bis HF) sind industrietauglich ohne Ausfall durch EMV bzw. durch die technische Auslegung (Schreib-/Lesewiederholung) EMV-tolerant .

Dateninhalte, Struktur, Sicherheit

Hier sind die aktiven und passiven Systeme getrennt zu beschreiben.

Welche Speicherkapazitäten haben die eingesetzten Transponder?
(z.B. fest programmierter Bereich, frei programmierbare Bereiche, etc.)

10 Bit bis 1024 Bit

Welche Speichertypen werden verwendet?
(z.B. EEPROM, Festcode, schreib-/lesbar, usw.)

Alle Arten von Speicher incl. Festcodierung durch Lieferanten bzw. Drahtbrücken.

Wie sind Daten auf dem Speicher organisiert? Ist ein wahlfreier bit-/byteweiser Zugriff möglich? Werden Speicherbereiche beim Durchlauf mehrfach genutzt?

Freier Zugriff möglich, Mehrfachbeschriftung möglich.

Welche Software wird für die Anbindung des Schreib-/Lesegeräts an die EDV benötigt? (z.B. Betriebssystem, Software).

In der Regel sind Treiber für Windows-Applikationen vorhanden. Für Automatisierungsgeräte werden universelle Treiber verwendet, die bei Industrieeinsatz vom Hersteller kostenlos erstellt werden.

Welche Software wird für die Anbindung an die zentrale EDV benötigt?
(z.B. Standardsoftware, individuell programmiert).

In der Regel wird Software für zentrale EDV mitgeliefert. Für Automatisierungsgeräte wird eine Anwendungsspezifische Lösung erstellt (Hilfestellung durch Hersteller).

Gibt es gesonderte Anforderungen an die Datensicherheit? Wenn ja, welche und durch welche Maßnahmen wurden die Anforderungen bisher erfüllt?
(z.B. Sicherheit der Datenübertragung, Redundanz der Daten, Zugriffsschutz (Lese- und Schreibschutz), etc.)
Gab es Störversuche bzw. unerlaubte Eingriffe?

Verwendung Parity-Bit und Mehrfachlesung als Vergleichsprüfung

Datenübertragung in der Luftstrecke

Welche Systeme (Hersteller und Typbezeichnung) werden in Ihrem Hause verwendet?

Ca. 10 verschiedene Systeme für Fördertechnische Anlagen (siehe oben – ohne Typbezeichung)

Mit welchen Übertragungsfrequenzen arbeiten die von Ihrem Haus verwendeten RFID Systeme? Gibt es bereits Festlegungen auf Frequenzen in Ihrem Hause?
Spielt Frequenzhopping eine Rolle?
(Aktive und passive Systeme, also mit und ohne Stützbatterie im Transponder. Bei passiven Systemen Unterscheidung in Frequenz der Daten- und Energieübertragung).

Frequenzplan ist bekannt -> Entwicklung auf Grund der Reichweiten meist unproblematisch. (Induktiv und HF-Übertragung im Einsatz – Reichweite max. 30-50cm)

Welche Datenübertragungsraten nutzen Sie und von welche Übertragungsraten werden von den bei Ihnen eingesetzten Systemen erreicht?
(z.B. Grenzleistung der Datenübertragungsrate und technisch effektive Rate)

9600 Bit/s – Rest unbekannt)

Wie groß sind die „sicheren“ Schreib-/Lesereichweiten der eingesetzten Systeme? (in [m])

30 – 50 cm

Welche Übertragungsprotokolle werden verwendet?
(z.B. vollduplex, halbduplex, standardisierte Prozeduren, herstellerabhängig, usw.).

vollduplex

Wie wird eine sichere Datenübertragung gewährleistet?
(z.B. Kontrollfunktionen, Mehrfachlesung, Frequenzhopping, usw.)

Parity-Bit, Mehrfachlesung

Wie war die Zuverlässigkeit und die Verfügbarkeit der Datenübertragung in der Luftstrecke? oder:

Wie groß war der Anteil von Gut-Lesungen, von fehlerhaften Lesungen und von Nicht Lesungen an den durchgeführten Lesungen (Fehlerraten)?

Zuverlässigkeit und Verfügbarkeit nahe 100%. Fehlerrate nicht statistisch erfasst.

Equipment RFID Systeme

Was für Bauweisen, Abmessungen, Gewichte und IP-Schutzklassen haben die in Ihrem Haus eingesetzten RFID Systeme?
(z.B. Transponder, Schreib-/Lesegeräte, Antennen, etc.)

Tiris: siehe Fa. Gercom / Texas-Instruments
Datenträger 30mm Länge bei ca. 8mm Durchmesser
Lesegerät ca. 300x300mm

Moby-E siehe Siemens

Moby-M siehe Siemens

Premid: Datenträger ca. 70x40x15mm
Lesegerät ca. 300x300mm

Wie wird das RFID System bedient?
(z.B. Tastatur, Handgerät, Festinstallation, Automatik, etc.)

Sekundäre Bedienung über Automatisierungsanlage bzw. PC

Wie ist das bei Ihnen eingesetzte RFID System an die EDV / Steuerungstechnik angebunden?
(z.B. Anschaltung des Schreib-/Lesegeräts, Kopplung (Stern, Netz, Bus) an EDV, Verbindung (Kabel, Funk), Client-Server, etc.)

Meist serielle Verbindung über RS-232 bzw. RS-485 an Automatisierung bzw. PC.

Welche Spannungsversorgung benötigen die RFID Systeme?

230 V/AC bzw. 24 V/DC.

Welche Lebensdauer haben die Transponder im Einsatz erreicht?
(Statistik)

Nach Frühausfällen ca. 10 Jahre (heute 15 Jahre mit z.T. Austausch)

Was für Schreib-/Lesegeräte werden bei Ihnen eingesetzt?
(z.B. fest installiert, mobile Handgeräte).

Festinstallation
mobile Handgeräte für Fehlerfall bzw. Wartungsaufgaben

Werden Mehrfachantennen oder Antennenportale eingesetzt? Wenn ja, gibt es Regeln für die Anordnung der Antennen?

Mehrfachanordnung von Transpondern wegen asymetrischer Anordnung an drehbarer Systempalette. Abstand ca. 30 cm
Mehrfachschreib-/lesegeräte - Nein

Welche Mobile Datenspeicher/Transponder verwenden Sie?
(z.B. genaue Typbezeichnung, Speichergröße, Format, Größe, Gestalt, IP-Schutzklasse etc.)

Siehe oben – Detaildaten siehe Hersteller

Werden in Ihrem Hause auch Folientransponder eingesetzt? Wenn ja, aus welchen Folienmaterial und Leitermaterial bestehen diese und mit welchem Kleber wurden die Transponder verklebt?

Nein – Planungsvariante ja – System Fabr. Schreiner

Welche Betriebsstundenleistung wird von dem verwendeten RFID System erbracht?

100 bis 130 Wochenbetriebsstunden

Koexistenz, Kooperation

Dieser Punkt des Anforderungsprofils an RFID Systeme soll gewährleisten, dass ein gemischter, störungsfreier Betrieb mit bestehenden Systemen, wie z.B. „Wireless LAN" erreicht werden kann.

Wurden in Ihrem Hause bereits EMV Messungen durchgeführt? Wenn ja, welche Ergebnisse wurden erreicht? Ist die Dokumentation für das IFT-LL Verfügbar?

unbekannt

Gibt es typische elektromagnetische Störquellen in Ihrem betrieblichen Umfeld? (z.B. Datenfunk (Funk LAN), Funktelefone, Blue Tooth Anbindungen, etc.)

Ja, Industrieeinsatz mit Frequenzumrichtern und Antriebstechnik
Datenfunk im Logistikbereich incl. Anlagentechnik

Gibt es Systeme in Ihrem Betrieb, die durch die RFID Systeme gestört wurden? Falls ja, welche und wie äußern sich die Störungen und wie wurden sie beseitigt?

unbekannt

Welche Dispositionssysteme für Material, das in Ladungsträgern gelagert wird, verwenden Sie?
(z.B. Bestellmengenrechnung, Bestellterminrechnung, Kanban)

Unbekannt

Kosten/ Wirtschaftlichkeit der RFID Systeme

In diesem Punkt soll dargestellt werden, wodurch der durch RFID Systeme geführte Prozess günstiger zu anderen Identifikationstechnologien, wie z.B. Barcode, wird. Die Transparenz des Prozessablaufs soll dabei gewährleistet sein.

Welche Überlegungen führten in Ihrem Hause zum Einsatz von RFID-Systemen?

Betriebssicherheit, automatische Lesbarkeit
Alternative nur Barcode – Qualität bei externer Anlieferung problematisch und für Dauereinsatz im Lieferantenumlauf nicht tauglich.

Können Sie die Vorteile von RFID Systemen für Ihr Haus klassifizieren?

Betriebssicherheit, automatische Lesbarkeit, Handlingsaufwand minimal

Lässt sich der Nutzen von RFID quantifizieren oder ergeben sich vor allem qualitative Vorteile (Verbesserung der Prozesse/der Prozesssicherheit)?

Kein quantifizierbarer Vorteil, da bei der Grundplanung bereits berücksichtigt und keine Alternativplanung vorhanden.
Qualitative Vorteile in Bezug auf Betriebs- und Fehlersicherheit

Spielregeln für den Einsatz von RFID Systemen

Hier sollen, falls vorhanden, bereits vorhandene Spielregeln für den Einsatz von RFID Systemen in der ganzen Prozesskette beschrieben werden.

Gibt es bereits bi- oder multilaterale Vereinbarungen für den Einsatz von RFID Systemen zwischen der Zulieferindustrie und Ihrem Unternehmen?

Unbekannt

Sonstiges

Wie weit ist ein einheitliches RFID System in Ihrem Unternehmen eingeführt? (z.B. Konzeption, Versuch, Arbeitsbereiche, Abteilungen, Werken oder im ganzen Unternehmen)

Moby-M bei Anlieferung „Kundenspezifischer Kabelbaum“ bei BMW München, Dingolfing und Regensburg

Welche Überlegungen führten zum Einsatz von RFID Systemen in Ihrem Unternehmen (Systemansatz)?

Technische Anforderungen – Betriebs- und Fehlersicherheit

Was geschieht mit defekten Transpondern?

Nach Erstinbetriebnahme (ca. 6 Monate) ohne Ausfälle werden defekte vereinzelt auftretende Transponder verschrottet.

Gibt es die Möglichkeit die Batterie zu wechseln? Wenn ja, wurden auch bereits Konzepte für den Batteriewechsel erarbeitet?
(z.B. bezüglich Datenerhalt, Notfallstrategien)

Sofern eine Batterie vorhande, sind diese wechselbar. Ausnahme Lithiumbatterieen (Standzeit > 10 Jahre). Sonst werden batterielose System bevorzugt.

Wie wurde die Anordnung Schreib-/Lesegerät-Antenne konzipiert?

Aufbaurichtlinien der Hersteller und Optimierung durch Versuche und Testeinsatz mit statistischer Auswertung.

Wie wurden die „Schaltgrenzen“ gemessen?
(D.h. wann und wie wird ein Transponder vom SLG erkannt? Best case, worst case Situation)

Geringeste Fehlerrate

Welcher IP-Schutzklasse gehören die Transponder an?
Welche IP-Schutzklasse wird von Ihnen gefordert?

Batteriegeräte IP54 sonst IP67

Wie stellen Sie sich den Einsatz von Transpondern an bestehenden Behältern vor?

Preisgünstige Transponder, mechanisch stabil, Leseabstand > 1m

Gibt es bereits Überlegungen über Service Konzepte hinsichtlich nicht werksinterner Kreisläufe?

Ja, bereist im Einsatz – siehe „Kundenspezifischer Kabelbaum“

5.4.6 DaimlerChrysler AG, Werk Raststatt

Applikation des Transponders am Behälter

Wie und wo wurde der RFID Transponder an den Ladungsträgern bei der Anwendung in Ihrem Hause appliziert?

Unter den Paletten

War die Verbindung des Transponders am Behälter fest oder lösbar?

fest

Wurden die Transponders am Behälter verschraubt oder vernietet?

verschraubt

Werden in Ihrem Haus Transponder auch mit dem Ladungsträger verklebt?
Wenn ja, welcher Kleber wird verwendet und gab es Unverträglichkeiten zwischen Klebersorten und Werkstoffen?

Gibt es bei Ihnen Daten bezüglich der Fehlerrate von Schreib-/Lesevorgängen bei unterschiedlichen Einsatzfällen?

Keine Fehllesungen, 1mal Daten Fehler vom Hostsystem

Können Aussagen über Kosten bzw. Zusatzkosten gegenüber der vorher verwandten Technik gemacht werden?
(z.B. für das Anbringen oder Lösen der Transponder).

Belastung der Transponder

Welche Temperaturen herrschen im betrieblichen Umfeld der eingesetzten Transponder? 8-45C°

Sind im betrieblichen Umfeld besondere Umgebungseinflüsse für den Einsatz von Transpondern zu beachten?
(z.B. Feuchtigkeit, chemische und mechanische Beanspruchung).

In der Montage nicht, jedoch im Rohbau z.B. durch CO^2 Reinigung

Elektromagnetische Verträglichkeit: Welche elektromagnetischen Störquellen sind im betrieblichen Umfeld zu erwarten? Wurden Messungen durchgeführt? Falls ja, stehen die Messergebnisse für diese Studie zur Verfügung? (vgl. hierzu auch 0)

Dateninhalte, Struktur, Sicherheit

Hier sind die aktiven und passiven Systeme getrennt zu beschreiben.

Welche Speicherkapazitäten haben die eingesetzten Transponder?
(z.B. fest programmierter Bereich, frei programmierbare Bereiche, etc.)

16 Byte, fest, 256 Byte frei für Anwenderdaten

Welche Speichertypen werden verwendet?
(z.B. EEPROM, Festcode, schreib-/lesbar, usw.)

S/L Datenspeicher, Siemens Moby L

Wie sind Daten auf dem Speicher organisiert? Ist ein wahlfreier bit-/byteweiser Zugriff möglich? Werden Speicherbereiche beim Durchlauf mehrfach genutzt?

Filestrukturiert, byteweiser Zugriff

Welche Software wird für die Anbindung des Schreib-/Lesegeräts an die EDV benötigt? (z.B. Betriebssystem, Software).

Welche Software wird für die Anbindung an die zentrale EDV benötigt?
(z.B. Standardsoftware, individuell programmiert).

S5 Standardbausteine

Gibt es gesonderte Anforderungen an die Datensicherheit? Wenn ja, welche und durch welche Maßnahmen wurden die Anforderungen bisher erfüllt?
(z.B. Sicherheit der Datenübertragung, Redundanz der Daten, Zugriffsschutz (Lese- und Schreibschutz), etc.)
Gab es Störversuche bzw. unerlaubte Eingriffe?

Datenübertragung in der Luftstrecke

Welche Systeme (Hersteller und Typbezeichnung) werden in Ihrem Hause verwendet?

Siemens, Moby –L, Baumer Ident , Premid

Mit welchen Übertragungsfrequenzen arbeiten die von Ihrem Haus verwendeten RFID Systeme? Gibt es bereits Festlegungen auf Frequenzen in Ihrem Hause? Spielt Frequenzhopping eine Rolle?
(Aktive und passive Systeme, also mit und ohne Stützbatterie im Transponder. Bei passiven Systemen Unterscheidung in Frequenz der Daten- und Energieübertragung).

2,45 Ghz beim Premidsystem, 4 Mhz bei Moby

Welche Datenübertragungsraten nutzen Sie und von welche Übertragungsraten werden von den bei Ihnen eingesetzten Systemen erreicht?
(z.B. Grenzleistung der Datenübertragungsrate und technisch effektive Rate)

Genutzt wird durchgängig 9600 Baud

Wie groß sind die „sicheren" Schreib-/Lesereichweiten der eingesetzten Systeme? (in [m])

Moby = 5 cm, Premid 2m

Welche Übertragungsprotokolle werden verwendet?
(z.B. vollduplex, halbduplex, standardisierte Prozeduren, herstellerabhängig, usw.).

Standardprotokolle von Siemens

Wie wird eine sichere Datenübertragung gewährleistet?
(z.B. Kontrollfunktionen, Mehrfachlesung, Frequenzhopping, usw.)

Wie war die Zuverlässigkeit und die Verfügbarkeit der Datenübertragung in der Luftstrecke? oder:
Wie groß war der Anteil von Gut-Lesungen, von fehlerhaften Lesungen und von Nicht Lesungen an den durchgeführten Lesungen (Fehlerraten)?

Equipment RFID Systeme

Was für Bauweisen, Abmessungen, Gewichte und IP-Schutzklassen haben die in Ihrem Haus eingesetzten RFID Systeme?
(z.B. Transponder, Schreib-/Lesegeräte, Antennen, etc.)

IP 65 bis 67

Wie wird das RFID System bedient?
(z.B. Tastatur, Handgerät, Festinstallation, Automatik, etc.)

Über Einheitenbedienfeld oder LCV (Handhaldgeräte)

Wie ist das bei Ihnen eingesetzte RFID System an die EDV / Steuerungstechnik angebunden?
(z.B. Anschaltung des Schreib-/Lesegeräts, Kopplung (Stern, Netz, Bus) an EDV, Verbindung (Kabel, Funk), Client-Server, etc.)

Die Lesestellen sind prinzipiell über die SPS an übergeordnete Hostsysteme angeschlossen

Welche Spannungsversorgung benötigen die RFID Systeme?

24 V -

Welche Lebensdauer haben die Transponder im Einsatz erreicht?
(Statistik)

Momentane Produktlaufzeit seit 1995

Was für Schreib-/Lesegeräte werden bei Ihnen eingesetzt?
(z.B. fest installiert, mobile Handgeräte).

Moby und Premid sind fest installiert

Werden Mehrfachantennen oder Antennenportale eingesetzt? Wenn ja, gibt es Regeln für die Anordnung der Antennen?

nein

Welche Mobile Datenspeicher/Transponder verwenden Sie?
(z.B. genaue Typbezeichnung, Speichergröße, Format, Größe, Gestalt, IP-Schutzklasse etc.)

Moby Typ MDS L701

Werden in Ihrem Hause auch Folientransponder eingesetzt? Wenn ja, aus welchen Folienmaterial und Leitermaterial bestehen diese und mit welchem Kleber wurden die Transponder verklebt?

Welche Betriebsstundenleistung wird von dem verwendeten RFID System erbracht?

Koexistenz, Kooperation

Dieser Punkt des Anforderungsprofils an RFID Systeme soll gewährleisten, dass ein gemischter, störungsfreier Betrieb mit bestehenden Systemen, wie z.B. „Wireless LAN" erreicht werden kann.

Wurden in Ihrem Hause bereits EMV Messungen durchgeführt? Wenn ja, welche Ergebnisse wurden erreicht? Ist die Dokumentation für das IFT-LL Verfügbar?

Gibt es typische elektromagnetische Störquellen in Ihrem betrieblichen Umfeld? (z.B. Datenfunk (Funk LAN), Funktelefone, Blue Tooth Anbindungen, etc.)

nein

Gibt es Systeme in Ihrem Betrieb, die durch die RFID Systeme gestört wurden? Falls ja, welche und wie äußern sich die Störungen und wie wurden sie beseitigt?

nein

Welche Dispositionssysteme für Material, das in Ladungsträgern gelagert wird, verwenden Sie?
(z.B. Bestellmengenrechnung, Bestellterminrechnung, Kanban)

Kosten/ Wirtschaftlichkeit der RFID Systeme

In diesem Punkt soll dargestellt werden, wodurch der durch RFID Systeme geführte Prozess günstiger zu anderen Identifikationstechnologien, wie z.B. Barcode, wird. Die Transparenz des Prozessablaufs soll dabei gewährleistet sein.

Welche Überlegungen führten in Ihrem Hause zum Einsatz von RFID-Systemen?
Moby : Kostengünstig flexibel, Premid : Temperaturfest, große Reichweite

Können Sie die Vorteile von RFID Systemen für Ihr Haus klassifizieren?

Lässt sich der Nutzen von RFID quantifizieren oder ergeben sich vor allem qualitative Vorteile (Verbesserung der Prozesse/der Prozesssicherheit)?

Vorteile in der Prozeßsicherheit sind gegeben, effektiveres Arbeiten

Spielregeln für den Einsatz von RFID Systemen

Hier sollen, falls vorhanden, bereits vorhandene Spielregeln für den Einsatz von RFID Systemen in der ganzen Prozesskette beschrieben werden.

Gibt es bereits bi- oder multilaterale Vereinbarungen für den Einsatz von RFID Systemen zwischen der Zulieferindustrie und Ihrem Unternehmen?

Ja aber nur mit I-Parklieferanten

Sonstiges

Wie weit ist ein einheitliches RFID System in Ihrem Unternehmen eingeführt? (z.B. Konzeption, Versuch, Arbeitsbereiche, Abteilungen, Werken oder im ganzen Unternehmen)

Premidsystem durchgängig von Rohbau bis Einlauf Montage, Moby-L System nur für Palettenidentifikation im I-Park und Montage

Welche Überlegungen führten zum Einsatz von RFID Systemen in Ihrem Unternehmen (Systemansatz)?

Flexibilität, schreib/lesbar, unbekannte Datenmenge am Anfang, schnelle Eingriffsmöglichkeiten bei Störungen, einfaches Handling.....

Was geschieht mit defekten Transpondern?

Werden Entsorgt, bz.w. repariert

Gibt es die Möglichkeit die Batterie zu wechseln? Wenn ja, wurden auch bereits Konzepte für den Batteriewechsel erarbeitet?
(z.B. bezüglich Datenerhalt, Notfallstrategien)

Nur vom Lieferanten

Wie wurde die Anordnung Schreib-/Lesegerät-Antenne konzipiert?

Durch Versuche und Erfahrungen

Wie wurden die „Schaltgrenzen“ gemessen?
(D.h. wann und wie wird ein Transponder vom SLG erkannt? Best case, worst case Situation)

Über Schalter in der Anlagentechnik

Welcher IP-Schutzklasse gehören die Transponder an?
Welche IP-Schutzklasse wird von Ihnen gefordert?

IP 67

Wie stellen Sie sich den Einsatz von Transpondern an bestehenden Behältern vor?

Transponder sollte fest mit dem Behälter verbunden sein.

Gibt es bereits Überlegungen über Service Konzepte hinsichtlich nicht werksinterner Kreisläufe?

5.4.7 DaimlerChrysler AG, Werk Sindelfingen

Applikation des Transponders am Behälter

2.1.1

Anbringung des Datenspeicher OIS-P der Fa. Baumer Ident an den Karossen der Typen C-Klasse, E-Klasse und S-Klasse in den Bereichen Rohbau und Lackierung. Ausnahme: C-KLasse im Rohbau am Skid.

Maybach-Fertigung in der Lackierung mit Datenspeicher am Skid.

2.1.2

Lösbar

2.1.3

Mit Halter eingehängt oder an Karosse verschraubt

2.1.4

Nur verschrauben an Halter oder Karosse

2.1.5

Statistische Auswertungen werden geführt

2.1.6

Ca. 10 DM Gesamtkosten für die Identifizierung pro Fahrzeug. Kein Vergelcih zum vorherigen System vorhanden.

Belastung der Transponder

2.2.1

-20°C bis +200°C

2.2.2

Lackverträglichkeit, absolute Dichtheit, resistent gegen Öle, Benzine, Lösungsmittel usw., wasserdicht

2.2.3

Schweißroboter mit Zuleitungen, Antriebe mit Zuleitungen, Elektrostatische Lackierung. Keine Mesergebnisse vorhanden

Dateninhalte, Struktur, Sicherheit

2.3.1

8 kByte frei programmierbar

2.3.2

RAM, schreib-/lesbar

2.3.3

Im Filesystem organisiert, freier byteweiser Zugriff möglich, Mehrfachnutzung von Speicherbereichen

2.3.4

Schnittstellentreiber 3964R für alle Anbindungen (SPS, PC), Betriebsysteme: OS2 und Windows NT, Funktionsbausteine für Kopplung an SPSen

2.3.5

Individuell für alle Systeme (PC, SPS)

2.3.6

Stark eingegrenzter Personenkreis der die Möglichkeit hat mit Handlesegeräten die Daten zu ändern. Bisher keine Störversuche oder unerlaubte Eingriffe.

Datensicherheit auf serieller Übertragungsstrecke durch 3964R-Protokoll

Datenübertragung in der Luft

2.4.1

wärmefester OIS-P PC3105 von Baumer Ident mit PC3140 Schreib-Lese-Gerät

2.4.2

2,45 GHz

Keine Festlegungen bezüglich Frequenzen

Frequenzhopping nur bei Geräten neuerer Bauart

2.4.3

siehe technische Unterlagen Hersteller

2.4.4

Wir haben Abstände zwischen 20 cm und 1,50 m realisiert.

2.4.5

herstellerabhängig

2.4.6

siehe Herstellerangaben

2.4.7

durchschnittliche Fehlerraten: kleiner 0,1%

Equipment RFID Systeme

2.5.1

siehe Datenblätter

2.5.2

In der Hauptsache Festinstallationen mit automatischem Ablauf. Für Nachbeschriftungen sparate Station mit Tastatur-Bedienung.

Handlesegeräte für mobilen Einsatz (nur Instandhaltung)

2.5.3

Nur serielle Stromschnittstelle an PC oder SPS

2.5.4

24 Volt

2.5.5

Ausgelegt ist das System auf 8 Jahre. Bisher 6 Jahre im Einsatz

2.5.6

Fest installiert. Mobile nur für Instandhaltung für Kontrollzwecke

2.5.7

Nein

2.5.8

PC 3105 (wärmefest), 8 kByte, technische Daten siehe Datenblatt

Ausnahme Rohbau C-Klasse: Einsatz von Datenspeicher PC 3122/36A (nicht wärmefest), 8 kByte

2.5.9

Nein

2.5.10

Fahrzeugfertigung 24 h pro Tag, 5 Tage die Woche

Koexistenz, Kooperation

2.6.1

Keine speziellen EMV-Messungen in Bezug auf das Identsystem durchgeführt

2.6.2

Funk-LAN, Funktelefone, Antriebe, Roboter, Schweißen, elektrostatische Lackieranlagen

2.6.3

Nein

2.6.4

-

Kosten/ Wirtschaftlichkeit der RFID Systeme

2.7.1

Im Regelfall wirtschaftliche Gründe

2.7.2

Kostengünstiger als vorherige Lösungen

2.7.3

neben den Kostenvorteilen ergab sich auch eine verbesserte Prozesssicherheit.

Spielregeln

-

Sonstiges

2.9.1

Einheitliche Lösungen nur in Teilbereichen, wegen der unterschiedlichen Anforderungen der verschiedenen Fertigungsbereichen.

2.9.2

Verbesserung der Prozesssicherheit war Anlass für die Suche nach einem neuen System bei gleichzeitiger Kostenreduzierung. (Einführung 1995)

2.9.3

Austausch

2.9.4

Bei den wärmefesten nicht, bei den nicht-wärmefesten ja

2.9.5

Kompaktgerät, keine Trennung zwischen SLG und Antenne

2.9.6

Mit Testdatenträger

Triggerung der Lesung über SPS

2.9.7

siehe Datenblätter

IP68 wird gefordert

2.9.8

Konzepte werden durch die Planungsbereiche der Logistik erarbeitet.

2.9.9

Konzepte werden durch die Planungsbereiche der Logistik erarbeitet.

5.4.8 ESG

Applikation des Transponders am Behälter

Wie und wo wurde der RFID Transponder an den Ladungsträgern bei der Anwendung in Ihrem Hause appliziert?

Pakete, oben mit Smart Label

War die Verbindung des Transponders am Behälter fest oder lösbar?

Fest aufgegeklebt

Wurden die Transponders am Behälter verschraubt oder vernietet?

geklebt

Werden in Ihrem Haus Transponder auch mit dem Ladungsträger verklebt?
Wenn ja, welcher Kleber wird verwendet und gab es Unverträglichkeiten zwischen Klebersorten und Werkstoffen?

nein

Gibt es bei Ihnen Daten bezüglich der Fehlerrate von Schreib-/Lesevorgängen bei unterschiedlichen Einsatzfällen?

nein

Können Aussagen über Kosten bzw. Zusatzkosten gegenüber der vorher verwandten Technik gemacht werden?
(z.B. für das Anbringen oder Lösen der Transponder).

Nein

Belastung der Transponder

Welche Temperaturen herrschen im betrieblichen Umfeld der eingesetzten Transponder?

Normale Umweltbedingungen, -5°C – 35°C

Sind im betrieblichen Umfeld besondere Umgebungseinflüsse für den Einsatz von Transpondern zu beachten?
(z.B. Feuchtigkeit, chemische und mechanische Beanspruchung).

nein

Elektromagnetische Verträglichkeit: Welche elektromagnetischen Störquellen sind im betrieblichen Umfeld zu erwarten? Wurden Messungen durchgeführt? Falls ja, stehen die Messergebnisse für diese Studie zur Verfügung? (vgl. hierzu auch 0)

Nein

Dateninhalte, Struktur, Sicherheit

Hier sind die aktiven und passiven Systeme getrennt zu beschreiben.

Welche Speicherkapazitäten haben die eingesetzten Transponder?
(z.B. fest programmierter Bereich, frei programmierbare Bereiche, etc.)

ICODE: 256 bit brutto, 144 bit netto

Welche Speichertypen werden verwendet?
(z.B. EEPROM, Festcode, schreib-/lesbar, usw.)

Schreib-/lesbar

Wie sind Daten auf dem Speicher organisiert? Ist ein wahlfreier bit-/byteweiser Zugriff möglich? Werden Speicherbereiche beim Durchlauf mehrfach genutzt?

wahlfreier bit-/byteweiser Zugriff

Welche Software wird für die Anbindung des Schreib-/Lesegeräts an die EDV benötigt? (z.B. Betriebssystem, Software).

WIN-NT, eigene Steuersoftware, DLL des Reader-Herstellers

Welche Software wird für die Anbindung an die zentrale EDV benötigt?
(z.B. Standardsoftware, individuell programmiert).

individuell programmiert

Gibt es gesonderte Anforderungen an die Datensicherheit? Wenn ja, welche und durch welche Maßnahmen wurden die Anforderungen bisher erfüllt?
(z.B. Sicherheit der Datenübertragung, Redundanz der Daten, Zugriffsschutz (Lese- und Schreibschutz), etc.)
Gab es Störversuche bzw. unerlaubte Eingriffe?

Keine

Datenübertragung in der Luftstrecke

Welche Systeme (Hersteller und Typbezeichnung) werden in Ihrem Hause verwendet?

Midrange-Reader (ID ISC.MR100-A) + Antennen (A4 PAD) von FEIG GmbH

Mit welchen Übertragungsfrequenzen arbeiten die von Ihrem Haus verwendeten RFID Systeme? Gibt es bereits Festlegungen auf Frequenzen in Ihrem Hause? Spielt Frequenzhopping eine Rolle?
(Aktive und passive Systeme, also mit und ohne Stützbatterie im Transponder. Bei passiven Systemen Unterscheidung in Frequenz der Daten- und Energieübertragung).

Passiv 13,56MHz

Welche Datenübertragungsraten nutzen Sie und von welche Übertragungsraten werden von den bei Ihnen eingesetzten Systemen erreicht?
(z.B. Grenzleistung der Datenübertragungsrate und technisch effektive Rate)

2400 Baud/s

Wie groß sind die „sicheren“ Schreib-/Lesereichweiten der eingesetzten Systeme? (in [m])

0,15 bis 0,18 m

Welche Übertragungsprotokolle werden verwendet?
(z.B. vollduplex, halbduplex, standardisierte Prozeduren, herstellerabhängig, usw.).

herstellerabhängig

Wie wird eine sichere Datenübertragung gewährleistet?
(z.B. Kontrollfunktionen, Mehrfachlesung, Frequenzhopping, usw.)

Mehrfachlesung

Wie war die Zuverlässigkeit und die Verfügbarkeit der Datenübertragung in der Luftstrecke? oder:
Wie groß war der Anteil von Gut-Lesungen, von fehlerhaften Lesungen und von Nicht Lesungen an den durchgeführten Lesungen (Fehlerraten)?

Keine Angaben

Equipment RFID Systeme

Was für Bauweisen, Abmessungen, Gewichte und IP-Schutzklassen haben die in Ihrem Haus eingesetzten RFID Systeme?
(z.B. Transponder, Schreib-/Lesegeräte, Antennen, etc.)

Transponder: ICODE von Philips

SLG: Midrange-Reader von FEIG

Wie wird das RFID System bedient?
(z.B. Tastatur, Handgerät, Festinstallation, Automatik, etc.)

Reader werden durch Steuersoftware aktiviert.

Wie ist das bei Ihnen eingesetzte RFID System an die EDV / Steuerungstechnik angebunden?
(z.B. Anschaltung des Schreib-/Lesegeräts, Kopplung (Stern, Netz, Bus) an EDV, Verbindung (Kabel, Funk), Client-Server, etc.)

Serielle Verbindung von Reader zu PC

Welche Spannungsversorgung benötigen die RFID Systeme?

12 V DC

Welche Lebensdauer haben die Transponder im Einsatz erreicht?
(Statistik)

Keine Angaben

Was für Schreib-/Lesegeräte werden bei Ihnen eingesetzt?
(z.B. fest installiert, mobile Handgeräte).

Testaufbauten, fest installiert

Werden Mehrfachantennen oder Antennenportale eingesetzt? Wenn ja, gibt es Regeln für die Anordnung der Antennen?

nein

Welche Mobile Datenspeicher/Transponder verwenden Sie?
(z.B. genaue Typbezeichnung, Speichergröße, Format, Größe, Gestalt, IP-Schutzklasse etc.)

ICODE (Philips) 256 bit, 5x10 cm

my D (Infineon) 1kByte, 5x10 cm

Werden in Ihrem Hause auch Folientransponder eingesetzt? Wenn ja, aus welchen Folienmaterial und Leitermaterial bestehen diese und mit welchem Kleber wurden die Transponder verklebt?

Ja, Fertigprodukte von der Firma Schreiner und KSW

Welche Betriebsstundenleistung wird von dem verwendeten RFID System erbracht?

Keine Angaben

Koexistenz, Kooperation

Dieser Punkt des Anforderungsprofils an RFID Systeme soll gewährleisten, dass ein gemischter, störungsfreier Betrieb mit bestehenden Systemen, wie z.B. „Wireless LAN“ erreicht werden kann.

Wurden in Ihrem Hause bereits EMV Messungen durchgeführt? Wenn ja, welche Ergebnisse wurden erreicht? Ist die Dokumentation für das IFT-LL Verfügbar?

nein

Gibt es typische elektromagnetische Störquellen in Ihrem betrieblichen Umfeld? (z.B. Datenfunk (Funk LAN), Funktelefone, Blue Tooth Anbindungen, etc.)

nein

Gibt es Systeme in Ihrem Betrieb, die durch die RFID Systeme gestört wurden? Falls ja, welche und wie äußern sich die Störungen und wie wurden sie beseitigt?

nein

Welche Dispositionssysteme für Material, das in Ladungsträgern gelagert wird, verwenden Sie?
(z.B. Bestellmengenrechnung, Bestellterminrechnung, Kanban)

Keine Angaben

Kosten/ Wirtschaftlichkeit der RFID Systeme

In diesem Punkt soll dargestellt werden, wodurch der durch RFID Systeme geführte Prozess günstiger zu anderen Identifikationstechnologien, wie z.B. Barcode, wird. Die Transparenz des Prozessablaufs soll dabei gewährleistet sein.

Welche Überlegungen führten in Ihrem Hause zum Einsatz von RFID-Systemen?

Tests, Erprobungen

Können Sie die Vorteile von RFID Systemen für Ihr Haus klassifizieren?

Keine Angaben

Lässt sich der Nutzen von RFID quantifizieren oder ergeben sich vor allem qualitative Vorteile (Verbesserung der Prozesse/der Prozesssicherheit)?

Keine Angaben

Spielregeln für den Einsatz von RFID Systemen

Hier sollen, falls vorhanden, bereits vorhandene Spielregeln für den Einsatz von RFID Systemen in der ganzen Prozesskette beschrieben werden.

Gibt es bereits bi- oder multilaterale Vereinbarungen für den Einsatz von RFID Systemen zwischen der Zulieferindustrie und Ihrem Unternehmen?

Keine Angaben

Sonstiges

Wie weit ist ein einheitliches RFID System in Ihrem Unternehmen eingeführt? (z.B. Konzeption, Versuch, Arbeitsbereiche, Abteilungen, Werken oder im ganzen Unternehmen)

Konzeption, Versuch

Welche Überlegungen führten zum Einsatz von RFID Systemen in Ihrem Unternehmen (Systemansatz)?

Keine Angaben

Was geschieht mit defekten Transpondern?

Entsorgung

Gibt es die Möglichkeit die Batterie zu wechseln? Wenn ja, wurden auch bereits Konzepte für den Batteriewechsel erarbeitet?
(z.B. bezüglich Datenerhalt, Notfallstrategien)

nein

Wie wurde die Anordnung Schreib-/Lesegerät-Antenne konzipiert?

Durch praktische Erprobung

Wie wurden die „Schaltgrenzen“ gemessen?
(D.h. wann und wie wird ein Transponder vom SLG erkannt? Best case, worst case Situation)

Durch praktischen Versuch

Welcher IP-Schutzklasse gehören die Transponder an?
Welche IP-Schutzklasse wird von Ihnen gefordert?

Keine Angaben

Wie stellen Sie sich den Einsatz von Transpondern an bestehenden Behältern vor?

Gibt es bereits Überlegungen über Service Konzepte hinsichtlich nicht werksinterner Kreisläufe?

Keine Angaben

5.4.9 Huf Tools

2.1.1 An einem metallischen Warenträger mit Kunststoffaufbau. Der Transponder wurde in den Kunststoff eingebettet.

2.1.2 Lösbar.

2.1.3 Geklemmt.

2.1.4 Nein.

2.1.5 Keine genauen Erhebungen. Die Erfolgsrate beim Schreiben oder Lesen von Daten liegt mit Sicherheit über 99%.

2.1.6 Nein.

2.2.1 Bis 80°C.

2.2.2 Galvanische Flüssigkeiten.

2.2.3 Keine Messungen dokumentiert.

2.3.1 256 Byte

2.3.2 Schreib-/lesbar.

2.3.3 Zugriff auf 4Byte oder 32Byte in einem Schreib-/Lesevorgang. Gleiche Speicherbereiche werden mehrfach verwendet.

2.3.4 Serielle RS232 Schnittstelle an allen Betriebssystemen einsetzbar. Individuell programmierbar.

2.3.5 Individuell.

2.3.6 Keine besonderen Anforderungen

2.4.1 Eigenentwicklung 125kHz Reader unter Verwendung von Philips ABIC und HITAG. Und Philips Long Range Reader RM800 mit HITAG.

2.4.2 125kHz passiv.

2.4.3 ca. 4kbit/s

2.4.4 Bis zu 0.45m.

2.4.5 Manchester & Bitphase Code.

2.4.6 Checksummen über die Nutzdaten am Ende des Telegramms.

2.4.7 Siehe 2.1.5 .

2.5.1 Bis IP62.

2.5.2 Festinstallation.

2.5.3 RS232 Schnittstelle individuell programmiert.

2.5.4 9-24V

2.5.5 Keine Erhebung.

2.5.6 Fest installiert.

2.5.7 Gateantenne mit gleichsinnigem Wicklungssinn.

2.5.8 HITAG1 und HITAG2 Philips

2.5.9 Nein, bisher keine Anwendung.

2.5.10 2-Schichtbetrieb 16Stunden tägl. .

2.6.1 Nein.

2.6.2 Funktelefone.

2.6.3 Nicht bekannt.

2.6.4 -

2.7.1 Bessere Steuerung von Fertigungsabläufen.

2.7.2 Durch Einführung der Transpondertechnik wurde die statistische Erfassung der Verfügbarkeit und Produktivität bestimmter Produktionslinien erst möglich. Eine verbesserte Datenerfassung führt dabei wenn nötig zu besseren Eingreifmöglichkeiten .

2.7.3 Leichtere Informationsweitergabe bessere Fehlererfassung usw.

2.8.1 Nein.

2.9.1 Kein einheitliches ID-System vorhanden.

2.9.2 Verbesserung der Steuerung von Fertigungsabläufen.

2.9.3 Sie werden ersetzt.

2.9.4 -

2.9.5 Anwendungs- und Ortsabhängig

2.9.6 Versuche an den Anbringungsorten bei physikalisch schwierigen Verhältnissen, ansonsten im Labor. Jeweils mit typischen Kaufteilen (Transpondern).

2.9.7 IP65

2.9.8 Feste Anbringung z.B. durch kleben. Einrichtung von Schreib-/ Leseeinrichtungen an relevanten Punkten im Warenfluss, dies ist individuell festzulegen.

2.9.9 Nein.

5.4.10 Philips, Transpondertechnik

Applikation des Transponders am Behälter

Wie und wo wurde der RFID Transponder an den Ladungsträgern bei der Anwendung in Ihrem Hause appliziert?

War die Verbindung des Transponders am Behälter fest oder lösbar?

Wurden die Transponders am Behälter verschraubt oder vernietet?

Werden in Ihrem Haus Transponder auch mit dem Ladungsträger verklebt?
Wenn ja, welcher Kleber wird verwendet und gab es Unverträglichkeiten zwischen Klebersorten und Werkstoffen?

Gibt es bei Ihnen Daten bezüglich der Fehlerrate von Schreib-/Lesevorgängen bei unterschiedlichen Einsatzfällen?

Können Aussagen über Kosten bzw. Zusatzkosten gegenüber der vorher verwandten Technik gemacht werden?
(z.B. für das Anbringen oder Lösen der Transponder).

Belastung der Transponder

Welche Temperaturen herrschen im betrieblichen Umfeld der eingesetzten Transponder?

Sind im betrieblichen Umfeld besondere Umgebungseinflüsse für den Einsatz von Transpondern zu beachten?
(z.B. Feuchtigkeit, chemische und mechanische Beanspruchung).

Elektromagnetische Verträglichkeit: Welche elektromagnetischen Störquellen sind im betrieblichen Umfeld zu erwarten? Wurden Messungen durchgeführt? Falls ja, stehen die Messergebnisse für diese Studie zur Verfügung? (vgl. hierzu auch 0)

Dateninhalte, Struktur, Sicherheit

Hier sind die aktiven und passiven Systeme getrennt zu beschreiben.

Welche Speicherkapazitäten haben die eingesetzten Transponder?
(z.B. fest programmierter Bereich, frei programmierbare Bereiche, etc.)

Hitag (125kHz): 2kbit ICode (13.56 MHz): 1kbit

Welche Speichertypen werden verwendet?
(z.B. EEPROM, Festcode, schreib-/lesbar, usw.)

EEPROM

Wie sind Daten auf dem Speicher organisiert? Ist ein wahlfreier bit-/byteweiser Zugriff möglich? Werden Speicherbereiche beim Durchlauf mehrfach genutzt?

Blockweise, z.B. 4 byte

Welche Software wird für die Anbindung des Schreib-/Lesegeräts an die EDV benötigt? (z.B. Betriebssystem, Software).

Software

Welche Software wird für die Anbindung an die zentrale EDV benötigt? (z.B. Standardsoftware, individuell programmiert).

individuell programmiert

Gibt es gesonderte Anforderungen an die Datensicherheit? Wenn ja, welche und durch welche Maßnahmen wurden die Anforderungen bisher erfüllt?
(z.B. Sicherheit der Datenübertragung, Redundanz der Daten, Zugriffsschutz (Lese- und Schreibschutz), etc.)
Gab es Störversuche bzw. unerlaubte Eingriffe?

Sicherheit der Datenübertragung : CRC

Redundanz der Daten : Unique ID

Zugriffsschutz Lese- und Schreibschutz: Block sperren auf Read Only

Datenübertragung in der Luftstrecke

Welche Systeme (Hersteller und Typbezeichnung) werden in Ihrem Hause verwendet?

ICode, Hitag

Mit welchen Übertragungsfrequenzen arbeiten die von Ihrem Haus verwendeten RFID Systeme? Gibt es bereits Festlegungen auf Frequenzen in Ihrem Hause? Spielt Frequenzhopping eine Rolle?
(Aktive und passive Systeme, also mit und ohne Stützbatterie im Transponder. Bei passiven Systemen Unterscheidung in Frequenz der Daten- und Energieübertragung).

Welche Datenübertragungsraten nutzen Sie und von welche Übertragungsraten werden von den bei Ihnen eingesetzten Systemen erreicht?
(z.B. Grenzleistung der Datenübertragungsrate und technisch effektive Rate)

ICode ISO 15693: 53 kbit/s

Hitag : 4 kbit/s

Wie groß sind die „sicheren" Schreib-/Lesereichweiten der eingesetzten Systeme? (in [m])

Welche Übertragungsprotokolle werden verwendet?
(z.B. vollduplex, halbduplex, standardisierte Prozeduren, herstellerabhängig, usw.).

Wie wird eine sichere Datenübertragung gewährleistet?
(z.B. Kontrollfunktionen, Mehrfachlesung, Frequenzhopping, usw.)

Wie war die Zuverlässigkeit und die Verfügbarkeit der Datenübertragung in der Luftstrecke? oder:
Wie groß war der Anteil von Gut-Lesungen, von fehlerhaften Lesungen und von Nicht Lesungen an den durchgeführten Lesungen (Fehlerraten)?

Equipment RFID Systeme

Was für Bauweisen, Abmessungen, Gewichte und IP-Schutzklassen haben die in Ihrem Haus eingesetzten RFID Systeme?
(z.B. Transponder, Schreib-/Lesegeräte, Antennen, etc.)

Wie wird das RFID System bedient?
(z.B. Tastatur, Handgerät, Festinstallation, Automatik, etc.)

Wie ist das bei Ihnen eingesetzte RFID System an die EDV / Steuerungstechnik angebunden?
(z.B. Anschaltung des Schreib-/Lesegeräts, Kopplung (Stern, Netz, Bus) an EDV, Verbindung (Kabel, Funk), Client-Server, etc.)

Welche Spannungsversorgung benötigen die RFID Systeme?

Welche Lebensdauer haben die Transponder im Einsatz erreicht?
(Statistik)

10 Jahre Datenerhalt

Was für Schreib-/Lesegeräte werden bei Ihnen eingesetzt?
(z.B. fest installiert, mobile Handgeräte).

Werden Mehrfachantennen oder Antennenportale eingesetzt? Wenn ja, gibt es Regeln für die Anordnung der Antennen?

Welche Mobile Datenspeicher/Transponder verwenden Sie?
(z.B. genaue Typbezeichnung, Speichergröße, Format, Größe, Gestalt, IP-Schutzklasse etc.)

Werden in Ihrem Hause auch Folientransponder eingesetzt? Wenn ja, aus welchen Folienmaterial und Leitermaterial bestehen diese und mit welchem Kleber wurden die Transponder verklebt?

Welche Betriebsstundenleistung wird von dem verwendeten RFID System erbracht?

Koexistenz, Kooperation

Dieser Punkt des Anforderungsprofils an RFID Systeme soll gewährleisten, dass ein gemischter, störungsfreier Betrieb mit bestehenden Systemen, wie z.B. „Wireless LAN" erreicht werden kann.

Wurden in Ihrem Hause bereits EMV Messungen durchgeführt? Wenn ja, welche Ergebnisse wurden erreicht? Ist die Dokumentation für das IFT-LL Verfügbar?

Gibt es typische elektromagnetische Störquellen in Ihrem betrieblichen Umfeld? (z.B. Datenfunk (Funk LAN), Funktelefone, Blue Tooth Anbindungen, etc.)

Gibt es Systeme in Ihrem Betrieb, die durch die RFID Systeme gestört wurden? Falls ja, welche und wie äußern sich die Störungen und wie wurden sie beseitigt?

Welche Dispositionssysteme für Material, das in Ladungsträgern gelagert wird, verwenden Sie?
(z.B. Bestellmengenrechnung, Bestellterminrechnung, Kanban)

Kosten/ Wirtschaftlichkeit der RFID Systeme

In diesem Punkt soll dargestellt werden, wodurch der durch RFID Systeme geführte Prozess günstiger zu anderen Identifikationstechnologien, wie z.B. Barcode, wird. Die Transparenz des Prozessablaufs soll dabei gewährleistet sein.

Welche Überlegungen führten in Ihrem Hause zum Einsatz von RFID-Systemen?

Können Sie die Vorteile von RFID Systemen für Ihr Haus klassifizieren?

Lässt sich der Nutzen von RFID quantifizieren oder ergeben sich vor allem qualitative Vorteile (Verbesserung der Prozesse/der Prozesssicherheit)?

Spielregeln für den Einsatz von RFID Systemen

Hier sollen, falls vorhanden, bereits vorhandene Spielregeln für den Einsatz von RFID Systemen in der ganzen Prozesskette beschrieben werden.

Gibt es bereits bi- oder multilaterale Vereinbarungen für den Einsatz von RFID Systemen zwischen der Zulieferindustrie und Ihrem Unternehmen?

Sonstiges

Wie weit ist ein einheitliches RFID System in Ihrem Unternehmen eingeführt? (z.B. Konzeption, Versuch, Arbeitsbereiche, Abteilungen, Werken oder im ganzen Unternehmen)

Welche Überlegungen führten zum Einsatz von RFID Systemen in Ihrem Unternehmen (Systemansatz)?

Was geschieht mit defekten Transpondern?

Gibt es die Möglichkeit die Batterie zu wechseln? Wenn ja, wurden auch bereits Konzepte für den Batteriewechsel erarbeitet?
(z.B. bezüglich Datenerhalt, Notfallstrategien)

Wie wurde die Anordnung Schreib-/Lesegerät-Antenne konzipiert?

Wie wurden die „Schaltgrenzen“ gemessen?
(D.h. wann und wie wird ein Transponder vom SLG erkannt? Best case, worst case Situation)

Welcher IP-Schutzklasse gehören die Transponder an?
Welche IP-Schutzklasse wird von Ihnen gefordert?

Wie stellen Sie sich den Einsatz von Transpondern an bestehenden Behältern vor?

Gibt es bereits Überlegungen über Service Konzepte hinsichtlich nicht werksinterner Kreisläufe?

5.4.11 Schreiner

Applikation des Transponders am Behälter

Wie und wo wurde der RFID Transponder an den Ladungsträgern bei der Anwendung in Ihrem Hause appliziert?

Anbringung als Klebeetikett in waschbarer Ausführung mit programmierter Behälternummer, die zusätzlich als Barcode und Klartext auf dem Etikett aufgedruckt ist. Anbringung an der Stirnseite der Behälter (400x600mm).

War die Verbindung des Transponders am Behälter fest oder lösbar?

Die Verbindung ist nicht lösbar und übersteht die Waschvorgänge in vollautomatischen Behälterwaschanlagen, ein entsprechendes Zertifikat liegt vor.

Wurden die Transponder am Behälter verschraubt oder vernietet?

Geklebt

Werden in Ihrem Haus Transponder auch mit dem Ladungsträger verklebt?
Wenn ja, welcher Kleber wird verwendet und gab es Unverträglichkeiten zwischen Klebersorten und Werkstoffen?

Der Haftklebstoff wird immer an die jeweiligen Bedingungen des Klebgrundes angepasst. In unserem Haus stehen ca. 300-400 verschiedene Haftklebstoffe zur Verfügung, die eine optimale Anpassung an den Untergrund und die Anforderungen hinsichtlich Beständigkeit und Klebkraft erfüllen. Findet sich in diesem Spektrum nicht der entsprechende Haftklebstoff, kann dieser entwickelt werden. Für den relativ häufigen Fall der KLT-Behälter stehen verschiedene Haftklebstoffe zur Verfügung, die auf niedrigenergetische Untergründe optimiert sind. (z. B.: 3M 300LSE)

Gibt es bei Ihnen Daten bezüglich der Fehlerrate von Schreib-/Lesevorgängen bei unterschiedlichen Einsatzfällen?

Grundsätzlich müssen hier systembedingte Fehler und Fehler die aus der nicht sachgerechten Anwendung heraus entstehen unterschieden werden.

Systembedingte Fehler:

Grundsätzlich sind keine Fehllesungen möglich, entweder der Transponder wird gelesen, dann stimmen die Daten, oder es wird der Transponder nicht gelesen. Das ist ein wesentlicher Unterschied zum Barcode, wo je nach Codetyp auf verstümmelte Informationen erzeugt werden können. Bricht der Lesevorgang während der Übertragung der Daten ab, so ist eindeutig nachvollziehbar, welche Blöcke gelesen wurden und welche nicht.

Aufgrund des sehr schnellen Lesens wird meist der Inhalt der Transponder mehrfach gelesen und nochmals verglichen, so das Ergebnis noch zusätzlich verifiziert.

Nicht sachgerechte Anwendung:

Bei nicht sachgerechter Anwendung wird beispielsweise der Transponder von Metall beeinflusst und ist nicht mehr lesbar. Dies kann durch Stapelgabeln oder den Inhalt der Behälter erfolgen, aber auch durch die unsachgemäße Anbringung und Verwendung der Lesegeräte. Grundsätzlich führt dies aber nicht zu Datenverlusten, sondern die Daten sind nach dem Entfall der Störursache wieder uneingeschränkt lesbar. Diese Störgründe müssen bei der Projektabwicklung systematisch ausgeschlossen werden, dies ist nach der Erfahrung auch möglich.

Grundsätzlich ist die Anwendung entsprechend zu beleuchten. Oftmals ist gar keine Pulkerkennung einer ganzen Palette notwendig, da die Behälter danach sofort vereinzelt würden. Dann bietet sich die Lesung der einzelnen Behälter an, und die ist als mehr als unkritisch zu betrachten. Bei der Pulklesung müssen die wichtigen Parameter wie Leseabstand und Anbringung der Transponder im Verhältnis zum Ladegut und den Antennen Stimmern, dann sind 99,9% Lesewahrscheinlichkeit im Ersten Leseversuch möglich. Normalerweise liegt bei einer Nichtlesung dann eine Störung des Systems von außen vor.

Im Konkreten Projekt gab es keine Schwierigkeiten mit Ausfällen bereits verklebter Transponder.

Können Aussagen über Kosten bzw. Zusatzkosten gegenüber der vorher verwandten Technik gemacht werden?
(z.B. für das Anbringen oder Lösen der Transponder).

Das Anbringen der Transponder entspricht dem der Barcodeetiketten, daher entstehen keine zusätzlichen Kosten.

Bei Behältern, die sonst bei jedem Umlauf neu etikettiert werden sind die Auszeichnungskosten erheblich reduziert, bei gleichzeitiger Unverlierbarkeit der Etiketten.

Belastung der Transponder

Welche Temperaturen herrschen im betrieblichen Umfeld der eingesetzten Transponder?

Im konkreten Fall ca. -10°C bis +80°C (im Fahrzeug). Bei Tests ist die Einsetzbarkeit von -20°C bis +140°C nachgewiesen worden. Für logistische Anwendungen ist dies als völlig unkritisch zu betrachten.

Sind im betrieblichen Umfeld besondere Umgebungseinflüsse für den Einsatz von Transpondern zu beachten?
(z.B. Feuchtigkeit, chemische und mechanische Beanspruchung).

Feuchtigkeit ist kein Problem, da das Etikett mit dem Transponder dicht ist, eventuell ist die Lesbarkeit der Transponder eingeschränkt (Reichweite) da Feuchtigkeit eine dämpfende Wirkung auf die elektromagnetischen Wellen ausübt. Nach abtrocknen ist die volle Performance wieder vorhanden. Mit Feuchtigkeit ist hier ein beinahes unter Wasser stehen gemeint, das auch auf den Inhalt der Ladungsträger einen erheblichen negativen Einfluß hätte.

Elektromagnetische Verträglichkeit: Welche elektromagnetischen Störquellen sind im betrieblichen Umfeld zu erwarten? Wurden Messungen durchgeführt? Falls ja, stehen die Messergebnisse für diese Studie zur Verfügung? (vgl. hierzu auch 0)

Keine Störungen durch die Stapler oder Wireless-LAN, da Elektromagnetisches Übertragungsverfahren im Nahfeld und keine Funkübertragung. Es sind auch keine Störungen der anderen Einrichtungen aufgetreten.

Dateninhalte, Struktur, Sicherheit

Hier sind die aktiven und passiven Systeme getrennt zu beschreiben.

Es werden nur passive Systeme eingesetzt.

Welche Speicherkapazitäten haben die eingesetzten Transponder?
(z.B. fest programmierter Bereich, frei programmierbare Bereiche, etc.)

Hier 384bit frei beschreibbarer Speicher, in dem eine Behälternummer abgelegt und gesperrt ist (I-Code).

Die Transponder nach Norm ISO15693 sind derzeit in den Speichergrößen 800bit, 2kBit und 8kBit erhältlich, weitere Größen sind angekündigt. Ein Auslesen jeweils des ganzen Speichers ist nur unter Umständen sinnvoll, da sonst die Lesezeiten zu lang werden. In der hier eingesetzten Pulklesung der ganzen Paletten zur Überprüfung der Ladelisten ist dies z. B. überhaupt nicht notwendig

Welche Speichertypen werden verwendet?
(z.B. EEPROM, Festcode, schreib-/lesbar, usw.)

Alle 13,56MHz Systeme arbeiten mit EEPROM, Schreib-/lesbar und einer fest codierten, einmaligen Seriennummer

Wie sind Daten auf dem Speicher organisiert? Ist ein wahlfreier bit-/byteweiser Zugriff möglich? Werden Speicherbereiche beim Durchlauf mehrfach genutzt?

Der Zugriff erfolgt blockweise, wie in der ISO 15693 beschrieben

Welche Software wird für die Anbindung des Schreib-/Lesegeräts an die EDV benötigt? (z.B. Betriebssystem, Software).

Die Anbindung der Lesegeräte kann über Serielle Verbindungen, Feldbussysteme, Ethernet oder WirelessLAN erfolgen. Je nach Art der Anbindung ist das Lese-/Schreibgerät über wenige Befehle anzusprechen (5-20 je nach Typ). Für die Programmierung unter Windows stehen bei allen Herstellern Dll´s zur Verfügung, die die Ansprache der Systeme weiter erleichtern.

Welche Software wird für die Anbindung an die zentrale EDV benötigt?
(z.B. Standardsoftware, individuell programmiert).

Da die Anforderungen der einzelnen Anwendungen sehr unterschiedlich sind, wird hier individuell programmierte Software eingesetzt.

Gibt es gesonderte Anforderungen an die Datensicherheit? Wenn ja, welche und durch welche Maßnahmen wurden die Anforderungen bisher erfüllt?
(z.B. Sicherheit der Datenübertragung, Redundanz der Daten, Zugriffsschutz (Lese- und Schreibschutz), etc.)
Gab es Störversuche bzw. unerlaubte Eingriffe?

Wenn dies gefordert ist, können Transponder mit Verkryptung eingesetzt werden.

Im konkreten Fall ist der Transponder nur gegen ungewolltes Überschreiben der Behälternummer geschützt, in dem die entsprechenden Blöcke gesperrt wurden.

Als Kopierschutz für die Transponderdaten kann auch eine Verschlüsselung auf Grund der einmaligen 64bit-Seriennummer vorgenommen werden.

Datenübertragung in der Luftstrecke

Welche Systeme (Hersteller und Typbezeichnung) werden in Ihrem Hause verwendet?

Wir setzen Systeme aller namhaften Hersteller ein, Die Liste erhebt keinen Anspruch auf Vollständigkeit:

Bancolini, Feig, GIS, IND, Moba, Scemtec, Symbol, etc.

Mit welchen Übertragungsfrequenzen arbeiten die von Ihrem Haus verwendeten RFID Systeme? Gibt es bereits Festlegungen auf Frequenzen in Ihrem Hause? Spielt Frequenzhopping eine Rolle?
(Aktive und passive Systeme, also mit und ohne Stützbatterie im Transponder. Bei passiven Systemen Unterscheidung in Frequenz der Daten- und Energieübertragung).

Bei den derzeit in Europa zugelassenen passiven Systemen gibt es keine Unterscheidung zwischen den Daten- und Energieübertragungsfrequenzen. Eingesetzt werden von uns derzeit 13,56 MHz Systeme, für spezielle Anwendungen kommen auch 125kHz-Systeme in Frage. Andere Frequenzen wie 868MHz sind derzeit nur über Sondergenehmigungen und mit sehr geringen Feldstärken einsetzbar und somit für einen standardisierten Einsatz im industriellen Umfeld daher nicht sinnvoll. Grundsätzlich sind wir in der Lage auch Systeme in diesem Bereich anzubieten, wir werden dies aber nicht tun, bevor eine Standardisierung in der ISO 18000 erfolgt ist. Derzeit hat dies einen Zeithorizont von 5 bis 10 Jahren und ist daher für uns nicht relevant.

Welche Datenübertragungsraten nutzen Sie und von welche Übertragungsraten werden von den bei Ihnen eingesetzten Systemen erreicht?
(z.B. Grenzleistung der Datenübertragungsrate und technisch effektive Rate)

Ca. 30kbit/s, Das entspricht bei der Pulklesung von 16 Tags einer Lesezeit von ca. 200-300ms für das Lesen der Seriennummern aller 16 Transponder. Auf Grund des Protokollaufwandes vergrößert sich die Lesezeit je Transponder mit der zunehmenden Anzahl der Transponder, die sich im Feld befinden.

Wie groß sind die „sicheren" Schreib-/Lesereichweiten der eingesetzten Systeme? (in [m])

Ca. 1cm bis 100 cm mit Einzelantennen und bis ca. 170cm in Gate-Antennen. Dies ist jedoch sehr stark abhängig von den eingesetzten Antennen und Lesegeräten sowie den eingesetzten Antennengrößen im Etikett.

Welche Übertragungsprotokolle werden verwendet?
(z.B. vollduplex, halbduplex, standardisierte Prozeduren, herstellerabhängig, usw.).

Herstellerabhängig I-Code und Tag-It, sowie ISO 15693 Protokoll für die neuen Systeme

Wie wird eine sichere Datenübertragung gewährleistet?
(z.B. Kontrollfunktionen, Mehrfachlesung, Frequenzhopping, usw.)

Mehrfachlesungen werden über das Protokoll erkannt, das auch Kontrollfunktionen ausübt. Frequenzhopping wird in passiven Systemen nicht eingesetzt (von keinem Hersteller)

Wie war die Zuverlässigkeit und die Verfügbarkeit der Datenübertragung in der Luftstrecke? oder:
Wie groß war der Anteil von Gut-Lesungen, von fehlerhaften Lesungen und von Nicht Lesungen an den durchgeführten Lesungen (Fehlerraten)?

Siehe 2.1.5

Equipment RFID Systeme

Was für Bauweisen, Abmessungen, Gewichte und IP-Schutzklassen haben die in Ihrem Haus eingesetzten RFID Systeme?
(z.B. Transponder, Schreib-/Lesegeräte, Antennen, etc.)

Abhängig vom Kundenwunsch

Wie wird das RFID System bedient?
(z.B. Tastatur, Handgerät, Festinstallation, Automatik, etc.)

Abhängig vom Kundenwunsch

Wie ist das bei Ihnen eingesetzte RFID System an die EDV / Steuerungstechnik angebunden?

(z.B. Anschaltung des Schreib-/Lesegeräts, Kopplung (Stern, Netz, Bus) an EDV, Verbindung (Kabel, Funk), Client-Server, etc.)

Siehe 2.3.4

Welche Spannungsversorgung benötigen die RFID Systeme?

230V, möglichst frei von Störungen über das Stromnetz, daher eventuell mit Filter

Welche Lebensdauer haben die Transponder im Einsatz erreicht?
(Statistik)

Bisher keine systematischen Ausfälle

Was für Schreib-/Lesegeräte werden bei Ihnen eingesetzt?
(z.B. fest installiert, mobile Handgeräte).

Alle Arten, siehe 2.4.1, 2.5.1 und 2.5.2

Werden Mehrfachantennen oder Antennenportale eingesetzt? Wenn ja, gibt es Regeln für die Anordnung der Antennen?

Abhängig von der Anwendung, im Falle des Projekts Danzas werden Gate-Antennen eingesetzt

Welche Mobile Datenspeicher/Transponder verwenden Sie?
(z.B. genaue Typbezeichnung, Speichergröße, Format, Größe, Gestalt, IP-Schutzklasse etc.)

Siehe 2.3.1, 2.3.2 und 2.3.3

Werden in Ihrem Hause auch Folientransponder eingesetzt? Wenn ja, aus welchen Folienmaterial und Leitermaterial bestehen diese und mit welchem Kleber wurden die Transponder verklebt?

Siehe 2.1.4

Welche Betriebsstundenleistung wird von dem verwendeten RFID System erbracht?

Einsatz während der gesamten Betriebszeit

Koexistenz, Kooperation

Dieser Punkt des Anforderungsprofils an RFID Systeme soll gewährleisten, dass ein gemischter, störungsfreier Betrieb mit bestehenden Systemen, wie z.B. „Wireless LAN“ erreicht werden kann.

Siehe 2.2.3

Wurden in Ihrem Hause bereits EMV Messungen durchgeführt? Wenn ja, welche Ergebnisse wurden erreicht? Ist die Dokumentation für das IFT-LL Verfügbar?

Keine EMV- Messungen, da keine Störungen aufgetreten. Die eingesetzten Schreib-/Lesegeräte sind zugelassen, deshalb auch keine Messungen durch uns notwendig.

Gibt es typische elektromagnetische Störquellen in Ihrem betrieblichen Umfeld? (z.B. Datenfunk (Funk LAN), Funktelefone, Blue Tooth Anbindungen, etc.)

Nein, grundsätzlich können aber elektromagnetische Felder unter Umständen eine Anschirmende Wirkung haben.

Gibt es Systeme in Ihrem Betrieb, die durch die RFID Systeme gestört wurden? Falls ja, welche und wie äußern sich die Störungen und wie wurden sie beseitigt?

Nein, keine Störung durch die RFID-Anlagen bei unseren Kunden aufgetreten.

Welche Dispositionssysteme für Material, das in Ladungsträgern gelagert wird, verwenden Sie?
(z.B. Bestellmengenrechnung, Bestellterminrechnung, Kanban)

Alle Varianten denkbar, abhängig von der Anwendung

Kosten/ Wirtschaftlichkeit der RFID Systeme

In diesem Punkt soll dargestellt werden, wodurch der durch RFID Systeme geführte Prozess günstiger zu anderen Identifikationstechnologien, wie z.B. Barcode, wird. Die Transparenz des Prozessablaufs soll dabei gewährleistet sein.

Welche Überlegungen führten in Ihrem Hause zum Einsatz von RFID-Systemen?

Grundsätzlich ist ein RFID-System dann wirtschaftlich, wenn die orginären Funktionen eines Transponders zumindest teilweise eingesetzt werden:

-Programmierbarkeit

Wiederbeschreibbarkeit

Lesen ohne Sichtkontakt

Pulklesen

Können Sie die Vorteile von RFID Systemen für Ihr Haus klassifizieren?

Danzas: Schnelles Erfassen der Paletten bei der Verladung, Reduzierung der Identifikationskosten

Lässt sich der Nutzen von RFID quantifizieren oder ergeben sich vor allem qualitative Vorteile (Verbesserung der Prozesse/der Prozesssicherheit)?

Grundsätzlich ergeben sich qualitative und quantitative Vorteile, diese können aber nur von unseren Kunden quantifiziert werden. Zahlen die uns bekannt sind, unterliegen der Vertraulichkeit.

Spielregeln für den Einsatz von RFID Systemen

Hier sollen, falls vorhanden, bereits vorhandene Spielregeln für den Einsatz von RFID Systemen in der ganzen Prozesskette beschrieben werden.

Gibt es bereits bi- oder multilaterale Vereinbarungen für den Einsatz von RFID Systemen zwischen der Zulieferindustrie und Ihrem Unternehmen?

Derzeit nur Projektabhängig zu definieren.

Sonstiges

Wie weit ist ein einheitliches RFID System in Ihrem Unternehmen eingeführt? (z.B. Konzeption, Versuch, Arbeitsbereiche, Abteilungen, Werken oder im ganzen Unternehmen)

Schreiner ist Kompetenter Hersteller von Transponderetiketten aller Art. Dieses sind mit allen im Haus verfügbaren Technologien wie beispielsweise Sicherheitsmerkmalen und Laserfolien kombinierbar.

Welche Überlegungen führten zum Einsatz von RFID Systemen in Ihrem Unternehmen (Systemansatz)?

Grundsätzlich wird jedes Projekt hinterfragt und nur Projekte die nicht mit anderen Technologien teurer oder nicht sinnvoll machbar wären mit Transpondern gelöst.

Was geschieht mit defekten Transpondern?

Bei uns findet eine 2-Stufige Warenausgangskontrolle statt. Ausgeliefert werden 100% Gutteile. In der Anwendung ist die Defektrate derzeit so gering, dass sie für uns nicht messbar ist. Diese Teile werden ausgetauscht.

bereits Konzepte für den Batteriewechsel erarbeitet?
(z.B. bezüglich Datenerhalt, Notfallstrategien)

Passive Transponder haben keine Batterien

Wie wurde die Anordnung Schreib-/Lesegerät-Antenne konzipiert?

Kundenindividuell, siehe oben

Wie wurden die „Schaltgrenzen" gemessen?
(D.h. wann und wie wird ein Transponder vom SLG erkannt? Best case, worst case Situation)

Die Ausdehnung des Lesefelds und dessen Dichte ist bei passiven Transpondern entscheidend. Dies kann mit entsprechender Messtechnik, die bei uns im Haus vorhanden ist, gemessen werden.

Welcher IP-Schutzklasse gehören die Transponder an?
Welche IP-Schutzklasse wird von Ihnen gefordert?

Beanspruchung nach Kundenanforderung bis hin zum vollständig in Kunstharz eingegossenen Transponder.

Wie stellen Sie sich den Einsatz von Transpondern an bestehenden Behältern vor?

Wie bereits dargestellt können wir uns nur eine Klebelösung vorstellen, da nur sie auch zur Nachrüstung und Beschriftung zu vertretbaren Kosten in Frage kommt. Denkbar sind System, die eine Pulkerfassung der Behälter ermöglichen, in dem sie Vorgaben für die Anbringung der Etiketten an den jeweiligen Seiten der Behälter beinhalten. Damit wird eine Erkennbarkeit im Gate sichergestellt. Das Lesen der Transponder in Förderanlagen ist auf Grund der geringen Entfernungen in zwangsgeführten Anlagen als unkritisch zu betrachten.

Gibt es bereits Überlegungen über Service Konzepte hinsichtlich nicht werksinterner Kreisläufe?

Grundsätzlich kann bei Umlaufsystemen mit Dienstleistern der Umlauf wesentlich besser gesteuert werden, da sich der jeweilige Status des Behälters direkt abfragen lässt. Damit sind viele neue Steuerungsmöglichkeiten gegeben, die den Behälterumlauf effektiver machen können.

5.4.12 Siemens, Transpondertechnik

Applikation des Transponders am Behälter

Wie und wo wurde der RFID Transponder an den Ladungsträgern bei der Anwendung in Ihrem Hause appliziert?

Nur für Testzwecke und für Machbarkeitsstudien. Vorrangig KTL-Behälter aber auch Kunststoff-Boxen und Metall-Container.

War die Verbindung des Transponders am Behälter fest oder lösbar?

Sowohl als auch.

Wurden die Transponders am Behälter verschraubt oder vernietet?

Da nur zu Testzwecke, meist verklebt oder angeschraubt.

Werden in Ihrem Haus Transponder auch mit dem Ladungsträger verklebt?
Wenn ja, welcher Kleber wird verwendet und gab es Unverträglichkeiten zwischen Klebersorten und Werkstoffen?

Bisher wurde meist doppelseitige Klebebänder verwendet.

Gibt es bei Ihnen Daten bezüglich der Fehlerrate von Schreib-/Lesevorgängen bei unterschiedlichen Einsatzfällen?

Ja.

Bei Vereinzelung der Boxen und definiertem Abstand sind die Fehlerraten wesentlich kleiner $1*10^{-3}$
Bei Pulkerfassung (> 20 Boxen) ohne Metall kleiner 3×10^{-3}
Bei Pulkerfassung (> 20 Boxen) mit viel Metall größer 2-10%

Können Aussagen über Kosten bzw. Zusatzkosten gegenüber der vorher verwandten Technik gemacht werden?
(z.B. für das Anbringen oder Lösen der Transponder).

Nein.

Belastung der Transponder

Schock- und Vibration.

Welche Temperaturen herrschen im betrieblichen Umfeld der eingesetzten Transponder?

Temperaturbelastung normal: –25°C bis +55°C

Sind im betrieblichen Umfeld besondere Umgebungseinflüsse für den Einsatz von Transpondern zu beachten?
(z.B. Feuchtigkeit, chemische und mechanische Beanspruchung).

Betauung muss zulässig sein.

Elektromagnetische Verträglichkeit: Welche elektromagnetischen Störquellen sind im betrieblichen Umfeld zu erwarten? Wurden Messungen durchgeführt? Falls ja, stehen die Messergebnisse für diese Studie zur Verfügung? (vgl. hierzu auch 0)

Im Lager- und Beladungsbereich gibt es wenige EM-Störer. Keine spezifischen Messungen vorhanden.

Dateninhalte, Struktur, Sicherheit

Hier sind die aktiven und passiven Systeme getrennt zu beschreiben.

Welche Speicherkapazitäten haben die eingesetzten Transponder?
(z.B. fest programmierter Bereich, frei programmierbare Bereiche, etc.)

Üblicherweise ein einmaliger Festcode (vom Chip-Hersteller vergeben) plus Anwenderspeicher.

Folgende Speichergrößen sind denkbar: 48 Zeichen; 128 Zeichen ; 512 Zeichen oder zukünftig 1 .000 Zeichen. Grundsätzlich schreib-/ lesbar. Üblicherweise EEPROM

Welche Speichertypen werden verwendet?
(z.B. EEPROM, Festcode, schreib-/lesbar, usw.)

Siehe 2.2.1

Wie sind Daten auf dem Speicher organisiert? Ist ein wahlfreier bit-/byteweiser Zugriff möglich? Werden Speicherbereiche beim Durchlauf mehrfach genutzt?

Wahlfreier Zugriff ist wünschenswert.

Speicherbereiche werden auch mehrfach genutzt.

Welche Software wird für die Anbindung des Schreib-/Lesegeräts an die EDV benötigt? (z.B. Betriebssystem, Software).

Funktionsbibliotheken für SPS, Feldbussysteme und PC.

EDV-Anbindung erfolgt immer Prozess abhängig.

Welche Software wird für die Anbindung an die zentrale EDV benötigt?
(z.B. Standardsoftware, individuell programmiert).

So wohl als auch. Trend hin zum Standard.

Gibt es gesonderte Anforderungen an die Datensicherheit? Wenn ja, welche und durch welche Maßnahmen wurden die Anforderungen bisher erfüllt?
(z.B. Sicherheit der Datenübertragung, Redundanz der Daten, Zugriffsschutz (Lese-

und Schreibschutz), etc.)
Gab es Störversuche bzw. unerlaubte Eingriffe?

Übertragungssicherheit und Datenintegrität sind unbedingt zu gewährleisten.

Schutz gegen Manipulation nur in speziellen Ausnahmefällen gefordert. Schutzmechanismen kosten Verarbeitungszeit!

Datenübertragung in der Luftstrecke

Welche Systeme (Hersteller und Typbezeichnung) werden in Ihrem Hause verwendet?

MOBY E und MOBY D mit 13,56 MHz; MOBY F mit 125 kHz. Natürlich von Siemens.

Mit welchen Übertragungsfrequenzen arbeiten die von Ihrem Haus verwendeten RFID Systeme? Gibt es bereits Festlegungen auf Frequenzen in Ihrem Hause? Spielt Frequenzhopping eine Rolle?
(Aktive und passive Systeme, also mit und ohne Stützbatterie im Transponder. Bei passiven Systemen Unterscheidung in Frequenz der Daten- und Energieübertragung).

MOBY E und MOBY D mit 13,56 MHz; MOBY F mit 125 kHz; zuzüglich MOBY I mit 1,81MHz; alle passiv, ohne Frequenzhopping.

MOBY U mit 2,45 GHz. Aktiv mit Frequenzhopping.

Welche Datenübertragungsraten nutzen Sie und von welche Übertragungsraten werden von den bei Ihnen eingesetzten Systemen erreicht?
(z.B. Grenzleistung der Datenübertragungsrate und technisch effektive Rate)

Erreichbarer effektiver Datendurchsatz:

MOBY F, 125 kHz:	150 Z./s		Reichw.: 0,50 m
MOBY D, 13,56 MHz:	200 Z./s	ISO 15693	Reichw.: 0,80 m
MOBY E, 13,56 MHz:	500 Z./s	ISO 14443	Reichw.: 0,12 m
MOBY I, 1,81 MHz:	1.200 Z./s		Reichw.: 0,15 m
MOBY U, 2,45 GHz	8.000 Z./s	ISO 18000-4	Reichw.: 3,00 m

Wie groß sind die „sicheren“ Schreib-/Lesereichweiten der eingesetzten Systeme? (in [m])

Siehe 2.3.3

Welche Übertragungsprotokolle werden verwendet?
(z.B. vollduplex, halbduplex, standardisierte Prozeduren, herstellerabhängig, usw.).

Bei MOBY E,D und U nach ISO-Norm

Prüfsumme und Blockwiederholung im Fehlerfall. Teilweise auch mit ECC oder Ähnlichem.

Wie wird eine sichere Datenübertragung gewährleistet?
(z.B. Kontrollfunktionen, Mehrfachlesung, Frequenzhopping, usw.)

Wie war die Zuverlässigkeit und die Verfügbarkeit der Datenübertragung in der Luftstrecke? oder:
Wie groß war der Anteil von Gut-Lesungen, von fehlerhaften Lesungen und von Nicht Lesungen an den durchgeführten Lesungen (Fehlerraten)?

Equipment RFID Systeme

Was für Bauweisen, Abmessungen, Gewichte und IP-Schutzklassen haben die in Ihrem Haus eingesetzten RFID Systeme?
(z.B. Transponder, Schreib-/Lesegeräte, Antennen, etc.)

Wie wird das RFID System bedient?
(z.B. Tastatur, Handgerät, Festinstallation, Automatik, etc.)

Wie ist das bei Ihnen eingesetzte RFID System an die EDV / Steuerungstechnik angebunden?
(z.B. Anschaltung des Schreib-/Lesegeräts, Kopplung (Stern, Netz, Bus) an EDV, Verbindung (Kabel, Funk), Client-Server, etc.)

Welche Spannungsversorgung benötigen die RFID Systeme?

Welche Lebensdauer haben die Transponder im Einsatz erreicht?
(Statistik)

Was für Schreib-/Lesegeräte werden bei Ihnen eingesetzt?
(z.B. fest installiert, mobile Handgeräte).

Werden Mehrfachantennen oder Antennenportale eingesetzt? Wenn ja, gibt es Regeln für die Anordnung der Antennen?

Welche Mobile Datenspeicher/Transponder verwenden Sie?
(z.B. genaue Typbezeichnung, Speichergröße, Format, Größe, Gestalt, IP-Schutzklasse etc.)

Werden in Ihrem Hause auch Folientransponder eingesetzt? Wenn ja, aus welchen Folienmaterial und Leitermaterial bestehen diese und mit welchem Kleber wurden die Transponder verklebt?

Welche Betriebsstundenleistung wird von dem verwendeten RFID System erbracht?

Koexistenz, Kooperation

Dieser Punkt des Anforderungsprofils an RFID Systeme soll gewährleisten, dass ein gemischter, störungsfreier Betrieb mit bestehenden Systemen, wie z.B. „Wireless LAN" erreicht werden kann.

Wurden in Ihrem Hause bereits EMV Messungen durchgeführt? Wenn ja, welche Ergebnisse wurden erreicht? Ist die Dokumentation für das IFT-LL Verfügbar?

Ja; gegen die Veröffentlichung sprechen oft Kundeninteressen.

Gibt es typische elektromagnetische Störquellen in Ihrem betrieblichen Umfeld? (z.B. Datenfunk (Funk LAN), Funktelefone, Blue Tooth Anbindungen, etc.)

EM –Störer üblicherweise Servo-Antriebe, Schaltnetzteile, Zeilentrafo etc.

Mitnutzer: Wireless LAN, ECOS-Systeme; Bluetooth ist noch nicht verbreitet anzutreffen.

Gibt es Systeme in Ihrem Betrieb, die durch die RFID Systeme gestört wurden? Falls ja, welche und wie äußern sich die Störungen und wie wurden sie beseitigt?

Nein.

Welche Dispositionssysteme für Material, das in Ladungsträgern gelagert wird, verwenden Sie?
(z.B. Bestellmengenrechnung, Bestellterminrechnung, Kanban)

Nicht bekannt.

Kosten/ Wirtschaftlichkeit der RFID Systeme

In diesem Punkt soll dargestellt werden, wodurch der durch RFID Systeme geführte Prozess günstiger zu anderen Identifikationstechnologien, wie z.B. Barcode, wird. Die Transparenz des Prozessablaufs soll dabei gewährleistet sein.

Welche Überlegungen führten in Ihrem Hause zum Einsatz von RFID-Systemen?

Fehlervermeidung, Transparenz und Aktualität der Vorgänge, Automatisierung, Prozessvereinfachung.

Können Sie die Vorteile von RFID Systemen für Ihr Haus klassifizieren?

Kostenersparnis und Fehlervermeidung, Vermeidung von Nachverabeitung. Verbesserung der Auslieferqualität.

Lässt sich der Nutzen von RFID quantifizieren oder ergeben sich vor allem qualitative Vorteile (Verbesserung der Prozesse/der Prozesssicherheit)?

Siehe 2.6.2

Spielregeln für den Einsatz von RFID Systemen

Hier sollen, falls vorhanden, bereits vorhandene Spielregeln für den Einsatz von RFID Systemen in der ganzen Prozesskette beschrieben werden.

Gibt es bereits bi- oder multilaterale Vereinbarungen für den Einsatz von RFID Systemen zwischen der Zulieferindustrie und Ihrem Unternehmen?

Bei mehreren Firmen Ja, aber im Detail nicht bekannt.

Sonstiges

Wie weit ist ein einheitliches RFID System in Ihrem Unternehmen eingeführt? (z.B. Konzeption, Versuch, Arbeitsbereiche, Abteilungen, Werken oder im ganzen Unternehmen)

Vorwiegend dedizierte Insellösungen. Eignung zum jeweiligen Prozess hat Vorrang.

Welche Überlegungen führten zum Einsatz von RFID Systemen in Ihrem Unternehmen (Systemansatz)?

Kostensenkung und Transparenz

Was geschieht mit defekten Transpondern?

Einzelausfälle werden entsorgt. Mehrfachausfälle werden analysiert.

Gibt es die Möglichkeit die Batterie zu wechseln? Wenn ja, wurden auch bereits Konzepte für den Batteriewechsel erarbeitet?
(z.B. bezüglich Datenerhalt, Notfallstrategien)

Bei den in der Logistik üblichen passiven Identsystemen nicht notwendig.

Wie wurde die Anordnung Schreib-/Lesegerät-Antenne konzipiert?

Nach Projektierungsrichtlinien des Herstellers.

Wie wurden die „Schaltgrenzen“ gemessen?
(D.h. wann und wie wird ein Transponder vom SLG erkannt? Best case, worst case Situation)

Nach Herstellerdaten. Nur im Problemfall erfolgt eine Überprüfung.

Welcher IP-Schutzklasse gehören die Transponder an?
Welche IP-Schutzklasse wird von Ihnen gefordert?

Üblicherweise IP67 und höher.

Wie stellen Sie sich den Einsatz von Transpondern an bestehenden Behältern vor?

In Wechsellaschen oder aufgeklebt.

Gibt es bereits Überlegungen über Service Konzepte hinsichtlich nicht werksinterner Kreisläufe?

Nicht bekannt.

5.4.13 VDO

Applikation des Transponders am Behälter

Wie und wo wurde der RFID Transponder an den Ladungsträgern bei der Anwendung in Ihrem Hause appliziert?

2x als Etikett im Hohlraum unserer Kunststoffpaletten

War die Verbindung des Transponders am Behälter fest oder lösbar?

Klebeetikett; nicht mehr zugänglich

Wurden die Transponders am Behälter verschraubt oder vernietet?

Klebeetikett; nicht mehr zugänglich

Werden in Ihrem Haus Transponder auch mit dem Ladungsträger verklebt? Wenn ja, welcher Kleber wird verwendet und gab es Unverträglichkeiten zwischen Klebersorten und Werkstoffen?

Nicht bekannt (Etiketten- und Palettenhersteller wählten aus)

Gibt es bei Ihnen Daten bezüglich der Fehlerrate von Schreib-/Lesevorgängen bei unterschiedlichen Einsatzfällen?

Noch nicht im Einsatz

Können Aussagen über Kosten bzw. Zusatzkosten gegenüber der vorher verwandten Technik gemacht werden?
(z.B. für das Anbringen oder Lösen der Transponder).

Keine Zusatzkosten

Belastung der Transponder

Welche Temperaturen herrschen im betrieblichen Umfeld der eingesetzten Transponder?

–10°C bis +40°C

Sind im betrieblichen Umfeld besondere Umgebungseinflüsse für den Einsatz von Transpondern zu beachten?
(z.B. Feuchtigkeit, chemische und mechanische Beanspruchung).

Etikett befindet sich im geschlossenen Innenraum der Paletten

Elektromagnetische Verträglichkeit: Welche elektromagnetischen Störquellen sind im betrieblichen Umfeld zu erwarten? Wurden Messungen durchgeführt? Falls ja, stehen die Messergebnisse für diese Studie zur Verfügung? (vgl. hierzu auch 0)

Noch nicht im Einsatz

Dateninhalte, Struktur, Sicherheit

Hier sind die aktiven und passiven Systeme getrennt zu beschreiben.

Welche Speicherkapazitäten haben die eingesetzten Transponder?
(z.B. fest programmierter Bereich, frei programmierbare Bereiche, etc.)
Noch nicht bekannt: Transponder sind „Geschenk“ des Palettenherstellers. Ein Einsatz ist erst in ca. 2 Jahren vorgesehen

Welche Speichertypen werden verwendet?
(z.B. EEPROM, Festcode, schreib-/lesbar, usw.)
Schreib- und lesbar

Wie sind Daten auf dem Speicher organisiert? Ist ein wahlfreier bit-/byteweiser Zugriff möglich? Werden Speicherbereiche beim Durchlauf mehrfach genutzt?
Noch nicht bekannt: Transponder sind „Geschenk“ des Palettenherstellers. Ein Einsatz ist erst in ca. 2 Jahren vorgesehen

Welche Software wird für die Anbindung des Schreib-/Lesegeräts an die EDV benötigt? (z.B. Betriebssystem, Software).
Noch nicht bekannt: Transponder sind „Geschenk“ des Palettenherstellers. Ein Einsatz ist erst in ca. 2 Jahren vorgesehen

Welche Software wird für die Anbindung an die zentrale EDV benötigt?
(z.B. Standardsoftware, individuell programmiert).
Noch nicht bekannt: Transponder sind „Geschenk“ des Palettenherstellers. Ein Einsatz ist erst in ca. 2 Jahren vorgesehen

Gibt es gesonderte Anforderungen an die Datensicherheit? Wenn ja, welche und durch welche Maßnahmen wurden die Anforderungen bisher erfüllt?
(z.B. Sicherheit der Datenübertragung, Redundanz der Daten, Zugriffsschutz (Lese- und Schreibschutz), etc.)
Gab es Störversuche bzw. unerlaubte Eingriffe?
–

Datenübertragung in der Luftstrecke

Welche Systeme (Hersteller und Typbezeichnung) werden in Ihrem Hause verwendet?
Noch nicht bekannt: Transponder sind „Geschenk“ des Palettenherstellers. Ein Einsatz ist erst in ca. 2 Jahren vorgesehen

Mit welchen Übertragungsfrequenzen arbeiten die von Ihrem Haus verwendeten RFID Systeme? Gibt es bereits Festlegungen auf Frequenzen in Ihrem Hause? Spielt Frequenzhopping eine Rolle?
(Aktive und passive Systeme, also mit und ohne Stützbatterie im Transponder. Bei passiven Systemen Unterscheidung in Frequenz der Daten- und Energieübertragung).
Noch nicht bekannt: Transponder sind „Geschenk“ des Palettenherstellers. Ein Einsatz ist erst in ca. 2 Jahren vorgesehen

Welche Datenübertragungsraten nutzen Sie und von welche Übertragungsraten werden von den bei Ihnen eingesetzten Systemen erreicht?
(z.B. Grenzleistung der Datenübertragungsrate und technisch effektive Rate)
Noch nicht bekannt: Transponder sind „Geschenk“ des Palettenherstellers. Ein Einsatz ist erst in ca. 2 Jahren vorgesehen

Wie groß sind die „sicheren“ Schreib-/Lesereichweiten der eingesetzten Systeme? (in [m])
Laut Hersteller 1,8m

Welche Übertragungsprotokolle werden verwendet?
(z.B. vollduplex, halbduplex, standardisierte Prozeduren, herstellerabhängig, usw.).
Noch nicht bekannt: Transponder sind „Geschenk“ des Palettenherstellers. Ein Einsatz ist erst in ca. 2 Jahren vorgesehen

Wie wird eine sichere Datenübertragung gewährleistet?
(z.B. Kontrollfunktionen, Mehrfachlesung, Frequenzhopping, usw.)
Noch nicht bekannt: Transponder sind „Geschenk“ des Palettenherstellers. Ein Einsatz ist erst in ca. 2 Jahren vorgesehen

Wie war die Zuverlässigkeit und die Verfügbarkeit der Datenübertragung in der Luftstrecke? oder:
Wie groß war der Anteil von Gut-Lesungen, von fehlerhaften Lesungen und von Nicht Lesungen an den durchgeführten Lesungen (Fehlerraten)?
Noch nicht bekannt: Transponder sind „Geschenk“ des Palettenherstellers. Ein Einsatz ist erst in ca. 2 Jahren vorgesehen

Equipment RFID Systeme

Was für Bauweisen, Abmessungen, Gewichte und IP-Schutzklassen haben die in Ihrem Haus eingesetzten RFID Systeme?
(z.B. Transponder, Schreib-/Lesegeräte, Antennen, etc.)
Noch nicht bekannt: Transponder sind „Geschenk“ des Palettenherstellers. Ein Einsatz ist erst in ca. 2 Jahren vorgesehen

Wie wird das RFID System bedient?
(z.B. Tastatur, Handgerät, Festinstallation, Automatik, etc.)
Noch nicht bekannt: Transponder sind „Geschenk“ des Palettenherstellers. Ein Einsatz ist erst in ca. 2 Jahren vorgesehen

Wie ist das bei Ihnen eingesetzte RFID System an die EDV / Steuerungstechnik angebunden?
(z.B. Anschaltung des Schreib-/Lesegeräts, Kopplung (Stern, Netz, Bus) an EDV, Verbindung (Kabel, Funk), Client-Server, etc.)
Noch nicht bekannt: Transponder sind „Geschenk“ des Palettenherstellers. Ein Einsatz ist erst in ca. 2 Jahren vorgesehen

Welche Spannungsversorgung benötigen die RFID Systeme?
Transponder: keine (über Antenne)

Welche Lebensdauer haben die Transponder im Einsatz erreicht? (Statistik)
Noch nicht bekannt: Transponder sind „Geschenk“ des Palettenherstellers. Ein Einsatz ist erst in ca. 2 Jahren vorgesehen

Was für Schreib-/Lesegeräte werden bei Ihnen eingesetzt? (z.B. fest installiert, mobile Handgeräte).
Noch nicht bekannt: Transponder sind „Geschenk“ des Palettenherstellers. Ein Einsatz ist erst in ca. 2 Jahren vorgesehen

Werden Mehrfachantennen oder Antennenportale eingesetzt? Wenn ja, gibt es Regeln für die Anordnung der Antennen?
Antennenportal ist vorgesehen.

Welche Mobile Datenspeicher/Transponder verwenden Sie? (z.B. genaue Typbezeichnung, Speichergröße, Format, Größe, Gestalt, IP-Schutzklasse etc.)
Noch nicht bekannt: Transponder sind „Geschenk“ des Palettenherstellers. Ein Einsatz ist erst in ca. 2 Jahren vorgesehen

Werden in Ihrem Hause auch Folientransponder eingesetzt? Wenn ja, aus welchen Folienmaterial und Leitermaterial bestehen diese und mit welchem Kleber wurden die Transponder verklebt?
Noch nicht bekannt: Transponder sind „Geschenk“ des Palettenherstellers. Ein Einsatz ist erst in ca. 2 Jahren vorgesehen

Welche Betriebsstundenleistung wird von dem verwendeten RFID System erbracht?
Noch nicht bekannt: Transponder sind „Geschenk“ des Palettenherstellers. Ein Einsatz ist erst in ca. 2 Jahren vorgesehen

Koexistenz, Kooperation

Dieser Punkt des Anforderungsprofils an RFID Systeme soll gewährleisten, dass ein gemischter, störungsfreier Betrieb mit bestehenden Systemen, wie z.B. „Wireless LAN“ erreicht werden kann.

Wurden in Ihrem Hause bereits EMV Messungen durchgeführt? Wenn ja, welche Ergebnisse wurden erreicht? Ist die Dokumentation für das IFT-LL Verfügbar?
Noch nicht bekannt: Transponder sind „Geschenk“ des Palettenherstellers. Ein Einsatz ist erst in ca. 2 Jahren vorgesehen

Gibt es typische elektromagnetische Störquellen in Ihrem betrieblichen Umfeld? (z.B. Datenfunk (Funk LAN), Funktelefone, Blue Tooth Anbindungen, etc.)
Noch nicht bekannt: Transponder sind „Geschenk“ des Palettenherstellers. Ein Einsatz ist erst in ca. 2 Jahren vorgesehen

Gibt es Systeme in Ihrem Betrieb, die durch die RFID Systeme gestört wurden? Falls ja, welche und wie äußern sich die Störungen und wie wurden sie beseitigt?
Noch nicht bekannt: Transponder sind „Geschenk“ des Palettenherstellers. Ein Einsatz ist erst in ca. 2 Jahren vorgesehen

Welche Dispositionssysteme für Material, das in Ladungsträgern gelagert wird, verwenden Sie?
(z.B. Bestellmengenrechnung, Bestellterminrechnung, Kanban)
SAP

Kosten/ Wirtschaftlichkeit der RFID Systeme

In diesem Punkt soll dargestellt werden, wodurch der durch RFID Systeme geführte Prozess günstiger zu anderen Identifikationstechnologien, wie z.B. Barcode, wird. Die Transparenz des Prozessablaufs soll dabei gewährleistet sein.

Welche Überlegungen führten in Ihrem Hause zum Einsatz von RFID-Systemen?
Überwachung von Kreisläufen bei Mehrwegverpackung

Können Sie die Vorteile von RFID Systemen für Ihr Haus klassifizieren?
Vermeidung von Zählfehlern.
Reduzierung des Zähl- und Buchaufwandes.

Lässt sich der Nutzen von RFID quantifizieren oder ergeben sich vor allem qualitative Vorteile (Verbesserung der Prozesse/der Prozesssicherheit)?
Noch nicht bekannt: Transponder sind „Geschenk“ des Palettenherstellers. Ein Einsatz ist erst in ca. 2 Jahren vorgesehen

Spielregeln für den Einsatz von RFID Systemen

Hier sollen, falls vorhanden, bereits vorhandene Spielregeln für den Einsatz von RFID Systemen in der ganzen Prozesskette beschrieben werden.

Gibt es bereits bi- oder multilaterale Vereinbarungen für den Einsatz von RFID Systemen zwischen der Zulieferindustrie und Ihrem Unternehmen?
Nein

Sonstiges

Wie weit ist ein einheitliches RFID System in Ihrem Unternehmen eingeführt? (z.B. Konzeption, Versuch, Arbeitsbereiche, Abteilungen, Werken oder im ganzen Unternehmen)
Ein Einsatz ist erst in ca. 2 Jahren vorgesehen

Welche Überlegungen führten zum Einsatz von RFID Systemen in Ihrem Unternehmen (Systemansatz)?

Transponder sind „Geschenk“ des Palettenherstellers. Ein Einsatz ist erst in ca. 2 Jahren vorgesehen

Was geschieht mit defekten Transpondern?
Noch nicht geklärt

Gibt es die Möglichkeit die Batterie zu wechseln? Wenn ja, wurden auch bereits Konzepte für den Batteriewechsel erarbeitet?
(z.B. bezüglich Datenerhalt, Notfallstrategien)
Keine Batterie

Wie wurde die Anordnung Schreib-/Lesegerät-Antenne konzipiert?
Noch nicht erfolgt

Wie wurden die „Schaltgrenzen“ gemessen?
(D.h. wann und wie wird ein Transponder vom SLG erkannt? Best case, worst case Situation)
Noch nicht erfolgt

Welcher IP-Schutzklasse gehören die Transponder an?
Welche IP-Schutzklasse wird von Ihnen gefordert?
Die Transponder sind im geschlossenen Hohlraum der Paletten eingeklebt

Wie stellen Sie sich den Einsatz von Transpondern an bestehenden Behältern vor?
Nicht vorgesehen

Gibt es bereits Überlegungen über Service Konzepte hinsichtlich nicht werksinterner Kreisläufe?
Nein

5.4.14 VW, Werk Wolfsburg

2.1 Applikation des Transponders am Behälter

2.1.1 Wie und wo wurde der RFID Transponder an den Ladungsträgern bei der Anwendung

in Ihrem Hause appliziert?

Je nach Anwendung ist der Anbringungsplatz des Transponders zu prüfen. Bei Spezialbehäl-tern

ist eine allgemein gültige Anbringung (zumindest bei VW) derzeit nicht möglich. Daher

werden die Verbauungsorte in Abstimmung mit den Fachbereichen und dem Transponder-Hersteller

gewählt. Voraussetzungen für einen Verbauungsort sind:

□□Erreichbarkeit des Verbauungsortes bei nachträglicher Ausrüstung

□□Lesbarkeit des Transponders aus verschiedenen Lagen

□□Sicherheit der Position (Schutz vor Staplern, etc.)

Derzeit sind Überlegungen im Gange, in die vorhandenen Klemmbretter die Transponder zu

integrieren.

Bei dem derzeit ausgerüsteten Spezialbehälter ist die Anbringung mittig von unten an den

oberen Querholm erfolgt.

2.1.2 War die Verbindung des Transponders am Behälter fest oder lösbar?

Die Verbauung selber findet unter Verwendung von Nieten statt. Schraubungen sind, da po-tentielle

Abschraubgefahr besteht, nicht geeignet. Somit sind diese Verbindungen grundsätzlich

zwar lösbar (z.B. durch Aufbohren), aber i.d.R. stabil.

2.1.3 Werden in Ihrem Haus Transponder auch mit dem Ladungsträger verklebt?

Wenn ja, welcher Kleber wird verwendet und gab es Unverträglichkeiten zwischen

Klebersorten und Werkstoffen?

Derzeit nicht.

2.1.4 Wie war die Lesbarkeit der Transponder am Behälter?

(Insbesondere ist hier das Einsatzumfeld von Interesse. Welche Unterschiede gab es in punkto Lesbarkeit bei metallischen Behältern im Vergleich zu Kunst-stoff- oder Holzbehältern?)

Der gewählte Verbauungsort ermöglichte eine Erfassungsquote von mehr als 99,7% aus dem

laufenden Betrieb heraus (Preßwerk, Lager, Rohbau). Der verwendete Spezialbehälter be-steht

aus Metall. Tests mit anderen Konstruktionsmaterialien sind nicht erfolgt, da o.B.d.A metallene Objekte die größten (Funk-)technischen Probleme aufwerfen.

2.1.5 Können Aussagen über Kosten gemacht werden?

(z.B. für das Anbringen oder Lösen der Transponder).

Die Kosten für die Anbringung hängen stark von der beauftragten Firma ab. Im Rahmen der

Ausrüstung der Spezialbehälter bei VW sind jedoch zeitlich pro Behälter 15 Minuten ange-setzt

und eingehalten worden. Anhand dieser Information können die entsprechenden Kos-ten

kalkuliert werden.

2.2 Belastung der Transponder

2.2.1 Welche Temperaturen herrschen im betrieblichen Umfeld der eingesetzten Transponder?

Die Behälter durchfahren keine speziellen Stätten wie z.B. Lack, o.ä., sondern sind im nor-malen

(Inner-) Werksverkehr eingesetzt. Daraus resultieren die üblichen umweltbedingten

Einflüsse unserer Breiten auf die Transponder. Der Arbeitstemperaturbereich, der abgedeckt

werden muß, beginnt bei ca. -10°C und geht bis ca. 85-90°C (bei längerer direkter Sonnen-einstrahlung).

2.2.2 Sind im betrieblichen Umfeld besondere Umgebungseinflüsse für den Einsatz von Transpondern zu beachten?

Diese Betrachtung hängt von dem geplanten Einsatzfeld ab. Sind besondere Stellen zu

durchfahren (wie beispielsweise Lack), dann können zusätzlich zu den bekannten umweltbe-dingten

Einflüssen weitere Anforderungen entstehen. Hinsichtlich der Anbringung an Spezial-behältern

ist (bei VW) damit jedoch derzeit nicht zu rechnen.

2.2.3 Elektromagnetische Verträglichkeit: Welche elektromagnetischen Störquellen

sind im betrieblichen Umfeld zu erwarten?

Da die Behälter u.a. die Versorgung des Rohbaus sicherstellen, sind alle maßgeblichen Beein-trächtigungen

durch Schweißen, fahrerlose Transportsysteme, Schraubersteuerungen, etc.

zu erwarten. Hinzu kommen in einigen der Lagerbereiche installierte WLAN-Systeme.

2.3 Dateninhalte, Struktur, Sicherheit

Hier sind die aktiven und passiven Systeme getrennt zu beschreiben.

Ich betrachte in diesem Zusammenhang derzeit ausschließlich den Einsatz AKTI-VER

Transponder !

2.3.1 Welche Speicherkapazitäten haben die eingesetzten Transponder?

(z.B. fest programmierter Bereich, frei programmierbare Bereiche, etc.)

Die derzeit verwendeten Transponder bieten eine Speicherkapazität von 8 Kbyte.

2.3.2 Welche Speichertypen werden verwendet?

(z.B. EEPROM, Festcode, schreib-/lesbar, usw.)

Der zur Verfügung stehende Speicher ist RAM.

2.3.3 Wie sind Daten auf dem Speicher organisiert? Ist ein wahlfreier bit-/byteweiser

Zugriff möglich?

Grundsätzlich ist der Speicher als Flat-Memory ausgelegt und somit ein Byte bzw. dement-sprechend

auch Bitweiser Zugriff möglich. Um mit späteren Applikationen nicht zu kollidie-ren,

ist eine (virtuelle) Aufteilung des Transponder-Speichers bei VW vorgenommen worden.

Dazu sind die ersten 256 Bytes des Speichers (ähnlich dem Boot-Sektor einer Festplatte) als

Online-Datenblock reserviert worden. Das zweite Segment steht voll als Flat-Memory zur

Verfügung. Eine mögliche Nutzung dieses Segmentes könnte die Anlegung eines restriktiven

File-Systems sein, welches ohne Unterverzeichnisse und mit fester Namensgebung (z.B. DOS

8+3) auskommt. Bei einer Aufteilung des Speichers in 64Byte große Speicherblöcke ist auch

eine FAT bestehend aus 8 Bytes zur Verwaltung denkbar. Das „File-orientierte" Lesen und

Schreiben wird in einigen Einsatzgebieten die Voraussetzung für den Einsatz selbst sein.

2.3.4 Welche Software wird für die Anbindung des Schreib-/Lesegeräts an die EDV

benötigt?(z.B. Betriebssystem, Software).

Die Schreib-/Lesestation, die VW einsetzt, bietet neben RS232 und paralleler Schnittstelle die

Möglichkeit, über Ethernet (TCP/IP) oder bestimmte Feldbusse (Interbus-S, CAN-Bus, etc.)

angesprochen zu werden.

2.3.5 Welche Software wird für die Anbindung an die zentrale EDV benötigt?

(z.B. Standardsoftware, individuell programmiert).

VW hat eine Middleware entwickelt, die die Infrastruktur der RFID-Technologie von der be-stehenden

Systemwelt entkoppelt. Diese Middleware stellt übergeordneten Systemen mittels

SQL eine auf breiter Basis verwendbare Schnittstelle zur Verfügung.

2.3.6 Gibt es gesonderte Anforderungen an die Datensicherheit? Wenn ja, welche

und durch welche Maßnahmen wurden die Anforderungen bisher erfüllt?

(z.B. Sicherheit der Datenübertragung, Redundanz der Daten, Zugriffsschutz

(Lese- und Schreibschutz), etc.)

Die Datensicherheit wird bei bestehender Verbindung zwischen der Middleware und den

Schreib-/Lesestationen über das TCP/IP Protokoll gewährleistet. Bei Ausfall der Verbindung sichern beide Seiten die Nachrichten bis zur Wiederherstellung einer Verbindung zwischen.

Je nach gewünschten Service Levels wird die Datenbank selber durch geeignete Maßnahmen

(Backup) gesichert.

Der Zugriff auf die Informationen ist mit Hilfe spezieller User-Rechte und der Einführung ei-ner

3-Tier Architektur geregelt. Hinzu kommt, daß der Zugriff auf die Daten selbst nur be-stimmten

eingetragenen Benutzern des Systems erlaubt ist. Die Erteilung dieser Rechte wird

zentral vorgenommen.

2.4 Datenübertragung in der Luftstrecke

2.4.1 Welche Systeme (Hersteller und Typbezeichnung) werden in Ihrem Hause

verwendet?

Im Bereich der aktiven Systeme kommen Geräte und Transponder der Firma Identec zum

Einsatz.

2.4.2 Mit welchen Übertragungsfrequenzen arbeiten die von Ihrem Haus verwende-ten

RFID Systeme? Gibt es bereits Festlegungen auf Frequenzen in Ihrem

Hause?

(Aktive und passive Systeme, also mit und ohne Stützbatterie im Transponder.

Bei passiven Systemen Unterscheidung in Frequenz der Daten- und Energie-übertragung).

VW hat sich nach langen und gründlichen Untersuchungen zugunsten des noch relativ jun-gen

ISM-Bandes von 868 MHz entschieden. Hinsichtlich des Einsatzes passiver Transponder

gibt es eine Vereinbarung, nach der Systeme im 13,56 MHz Bereich zum Einsatz gelangen

sollen.

2.4.3 Welche Datenübertragungsraten werden von Ihnen gefordert bzw. von den bei

Ihnen eingesetzten Systemen erreicht?

Die erreichten Datenraten liegen derzeit bei ca. 100Kbaud.

2.4.4 Wie groß sind die „sicheren“ Schreib-/Lesereichweiten der eingesetzten Systeme?

(in [m])

Im Normalfall sind Schreib-/Lesungen bis ca. 60 m möglich. Unter idealen Bedingungen sind

sogar Reichweiten bis über 100m zu finden.

2.4.5 Welche Übertragungsprotokolle werden verwendet?

(z.B. vollduplex, halbduplex, standardisierte Prozeduren, herstellerabhängig,

usw.).

Derzeit ist das Luftprotokoll herstellerbedingt und proprietär.

2.4.6 Wie wird eine sichere Datenübertragung gewährleistet?

(z.B. Kontrollfunktionen, Mehrfachlesung, Frequenzhopping, usw.)

Das von Identec verwendete Luftprotokoll sichert Fragen wie Mehrfachlesungen, Pulkerken-nung

und Datensicherheit bei der Übertragung.

2.5 Equipment RFID Systeme

2.5.1 Was für Abmessungen/Gewichte haben die in Ihrem Haus eingesetzten RFID

Systeme?

(z.B. Transponder, Schreib-/Lesegeräte, Antennen, etc.)

Die Transponder haben je nach Einsatzgebiet unterschiedliche Formen. Vom Gewicht her

sind sie jedoch relativ dicht beieinander. Im Durchschnitt liegt das Gewicht bei ca. 200-300

Gramm.

2.5.2 Wie wird das RFID System bedient?

(z.B. Tastatur, Handgerät, Festinstallation, Automatik, etc.)

Zur Bedienung des RFID-Systems werden derzeit verschiedene Varianten überlegt. Zum Ei-nen ist die Abfrage über Standorte durch normale Büro-PCs vorgesehen. Für den Einsatz im

Feld sind der Betrieb von industrietauglichen PDAs angedacht, die ggfs. über eine wireless-LAN

Verbindung die Daten online abrufen können. Im Produktionsumfeld eingesetzte

Schreib-/Lesestationen werden einen direkten Anschluß an unterlagerte Steuerungen erhal-ten

(Parallel, seriell, Feldbus, etc.).

2.5.3 Wie ist das bei Ihnen eingesetzte RFID System an die EDV / Steuerungstech-nik

angebunden?

(z.B. Anschaltung des Schreib-/Lesegeräts, Kopplung (Stern, Netz, Bus) an

EDV, Verbindung (Kabel, Funk), Client-Server, etc.)

Ethernet (TCP/IP)

2.5.4 Welche Spannungsversorgung benötigen die RFID Systeme?

Entweder normale 220V Wechselspannung oder 24V Gleichspannung.

2.5.5 Welche Lebensdauer haben die Transponder?

Identec garantiert bei einer durchschnittlichen Anzahl an Schreib-/bzw. Lesezyklen von 600 /

Tag ca. 6 Jahre.

2.5.6 Was für Schreib-/Lesegeräte werden bei Ihnen eingesetzt?

(z.B. fest installiert, mobile Handgeräte).

Fest installierte „Gates“ an definierten Stellen, Handgeräte und auch mobile Geräte in Fahr-zeugen.

2.5.7 Werden Mehrfachantennen eingesetzt? Wenn ja, gibt es Regeln für die An-ordnung

der Antennen?

Es gibt die Möglichkeit, bis zu vier Antennen an jede Schreib-/Lesestation anzubauen. Diese

Antennen werden derzeit im Multiplex-Betrieb gefahren. Neuere Entwicklungen ermöglichen

den gleichzeitigen Betrieb der vier Antennen. Dabei ist sicherzustellen, daß die Antennenfel-der sich gegenseitig so wenig wie möglich beeinflussen. Dies ist durch geeignete Einstellun-gen

der Leistungsparameter und durch entsprechendes Ausrichten der Antennen zu gewähr-leisten.

2.5.8 Welche Mobile Datenspeicher/Transponder verwenden Sie?

(z.B. genaue Typbezeichnung, Speichergröße, Format etc.)

Identec iQ-8. (8 Kbyte Speicherplatz RAM)

2.5.9 Werden in Ihrem Hause auch Folientransponder eingesetzt, wie z.B. Smart

Label oder I-Code Systeme? Wenn ja, aus welchen Folienmaterial und Lei-termaterial

bestehen diese?

2.5.10 Welche Betriebsstundenleistung wird von dem verwendeten RFID System er-bracht?

Die festinstallierten Systeme laufen an 7 Tagen rund um die Uhr das gesamte Jahr durch.

Ausfälle sind in vorher festgelegten Service Levels zu behandeln und zu beheben. Derzeit ist

die Datenbank auf eine produktionsbegleitende Verfügbarkeit ausgerichtet und erlaubt so

eine Betriebspause zwischen Samstag Mittag und Sonntag Abend.

2.6 Koexistenz, Kooperation

Dieser Punkt des Anforderungsprofils an RFID Systeme soll gewährleisten, dass ein

gemischter, störungsfreier Betrieb mit bestehenden Systemen, wie z.B. „Wireless

LAN“ erreicht werden kann.

2.6.1 Wurden in Ihrem Hause bereits EMV Messungen durchgeführt? Wenn ja, wel-che

Ergebnisse wurden erreicht?

Hinsichtlich der Strahlung der elektro-magnetischen Wellen ist festzuhalten, daß die Leistung

der Schreib-/Lesestationen und somit der Einfluß auf den Menschen bei ca. 1/2000 der durch

Handies abgestrahlten Leistung liegt.

2.6.2 Gibt es typische elektromagnetische Störquellen in Ihrem betrieblichen Umfeld?

(z.B. Datenfunk (Funk LAN), Funktelefone, etc.)

Ja. Standardsysteme im 2,45 GHz Bereich arbeitende RFID-Systeme stören sich gegenseitig

mit WLAN-Installationen. Diese Problematik ist im Werk Hannover gemessen und nachge-wiesen

worden. Da Handies heute ebenfalls zum alltäglichen Bild in einer Fabrik gehören, ist

auch die Verträglichkeit mit dieser Technik absolut erforderlich. Messungen haben dabei bis-her

keinerlei Interaktion zwischen sowohl den vorhanden WLAN-Installationen, als auch dem

Betrieb von Handies aufgezeigt. Dies steht im krassen Gegensatz zu aktiven RFID-Systemen,

die sich im Bereich der 2,45 GHz bewegen.

2.6.3 Gibt es Systeme in Ihrem Betrieb, die durch die RFID Systeme gestört wurden?

Falls ja, welche und wie äußern sich die Störungen?

Testinstallationen mit aktiven Transpondern im 2,45GHz Band haben gezeigt, daß sich zwar

das RFID-System in WLAN-Umgebungen unbeeindruckt zeigt, das WLAN aber durchaus ne-gativ

beeinflußt wird. Die Störungen traten bei Installationen nach dem IEEE 802.11x-Standard

während Datenübertragungen auf. Verbindungen brachen ab oder konnten nicht

etabliert werden.

2.7 Kosten/ Wirtschaftlichkeit der RFID Systeme

In diesem Punkt soll dargestellt werden, wodurch der durch RFID Systeme geführte

Prozess günstiger zu anderen Identifikationstechnologien, wie z.B. Barcode, wird.

Die Transparenz des Prozessablaufs soll dabei gewährleistet sein.

2.7.1 Welche Überlegungen führten in Ihrem Hause zum Einsatz von RFID-Systemen?

VW verfolgt mit dem Einsatz der aktiven Transponder die Philosophie, eine anwendungs-übergreifende

Infrastruktur zu schaffen. Sinn und Zweck dieser Infrastruktur ist die Abkopp-lung

sämtlicher Investionen von einem Projekt. Verwenden verschiedene Applikationen eine

identische Infrastruktur, so erfolgen die Investitionen auch verteilt auf diese Applikationen,

was den Grad der Akzeptanz deutlich erhöht. Unter dem Strich erhofft sich VW eine viel

deutlichere Transparenz in den abgebildeten Objektflüssen.Daraus resultieren größere Opti-mierungspotentiale,

die nachfolgend Einsparungen bei Investitionen zur Folge haben und

langfristig deutlich geringere Budgetkosten erzielen.

2.8 Spielregeln für den Einsatz von RFID Systemen

Hier sollen Spielregeln für den Einsatz von RFID Systemen in der ganzen Prozess-kette

beschrieben werden, ähnlich den Regeln für den VDA KLT in der VDA 4500.

IFT-LL - 11 - VDA

Institut für Fördertechnik und Logistik , Abt. Lagertechnik und Logistik Prof. Dr.-Ing. H.J. Roos

2.8.1 Gibt es bereits bi- oder multilaterale Vereinbarungen für den Einsatz von RFID

Systemen zwischen der Zulieferindustrie und Ihrem Unternehmen?

2.9 Sonstiges

2.9.1 Was geschieht mit defekten Transpondern?

2.9.2 Gibt es die Möglichkeit, die Batterie zu wechseln ?

2.9.3 Zu welcher IP-Schutzklasse gehören die Transponder ?

2.9.4 Welche IP-Schutzklasse ist von Ihnen gefordert ?

2.9.5 Wie stellen Sie sich den Einsatz von Transpondern an bestehenden Behältern

vor ?

2.9.6 Gibt es bereits Überlegungen über Service-Konzepte hinsichtlich nicht-werksinterner

Kreisläufe ?